私とJAの六十年

小久保徳次の農協運動の足跡

22世紀アート

題字　孫の理夏子（13歳）

川島町農協カントリーエレベーター完成記念碑除幕式（1989年12月18日）

川島町産ブランド米「川越藩のお蔵米」

埼玉中央川島農産物直売所で通年販売している「川越藩のお蔵米」は、いまや全国に名を知られている川島町産ブランド米。町、農協、川越藩のお蔵米推進協議会とが手を携えて販売の輪を広げるのが小久保の夢だ（写真左:チラシ、上:通年販売している川島農産物直売所）

農協の米の流通を変えた川島町精米工場（1990年うまい米づくり条件整備事業）

三保谷支所の野菜集出荷所（1979年新農業構造改善事業）

稲作一貫体系の確立に寄与した埼玉中央農協育苗センター（1995年度経営基盤確立農業改善事業）

八ツ保支所の野菜集出荷所（1982年野菜主産地総合整備事業）

1988年3月に完成したカントリーエレベーターは川島町農協の営農一大センターに

60年の歩み

小久保徳次氏黄綬褒章受章祝賀会

黄綬褒章を受章する（2002年）

土屋知事が来宅し、妻の玲子の手打ちうどんに舌鼓（前列左から、玲子、小久保、土屋知事、孫娘、父静一、後列は長男和徳夫婦）

昨年、金婚式を迎えた小久保夫妻
（2015年、「総理と櫻を見る会」の会場で）

目次

はじめに

小久保徳次・玲子夫妻が金婚式を迎えた2015（平27）年3月のある日、自宅に一通の白い角封筒が届いた。「総理と櫻を見る会」の招待状であった。歴代の総理が主催し、60回目の節目だった。

4月18日の当日は、自宅の庭に春のうららかな陽がこぼれていた。

「わが家の誉れ、われわれ夫婦にとっても記念の年、人生最良の日」と、小久保はこの日の天気のように晴れ晴れとした気持ちだった。

妻と門をくぐる前、小久保は立ち止まり、1本の松の木に目をやった。ずっと小久保を見守ってくれてきた松の木に、感謝の気持ちで頭を垂れた。

17歳で三保谷村農協に就職した年、正月用に売りに来た寄せ植えの松を庭先に移植、それから60年、小久保を見つめてきた松

会場の新宿御苑は、満開の八重桜が咲き誇り、華やいだ雰囲気に包まれている。

安倍晋三総理は、1万5000人を前に、「今日は本当に、暖かい、いいお天気になりました。周りを見渡しますと、本当に桜が咲き誇っていて、良寛の歌『世の中は桜の花になりにけり』、この歌を思い起させるような、今日の日でございます。日本全体がこんな気分になれるように頑張っていきたいと思います。今日のこの明るさを、にぎわいを、熱気を、皆さんと共に全国にお届けしていきたいと思っています」と挨拶した。

「総理大臣をはじめ大臣がハイタッチで出向きますので、右手を上げてください」という案内があり、招待客が並ぶ通路を歩き始めた。

小久保が声を掛けると、安倍総理をはじめ甘利明経済財政政策・TPP担当、林芳正農林水産、太田昭宏国土交通の各大臣、山口那津男公明党代表らが歩み寄り、耳を傾けた。

「TPPは頼みますよ。なんとしても農業を守ってください。農業の発展なくして国の発展はありません。希望の持てる農業の実現に頑張ってください」

小久保が激励すると、安倍総理、甘利、林、太田の各大臣、山口代表らは「期待にこたえます、頑張ります」と応え、小久保と握手を交わした。そしてツーショット写真を撮った。そんなことができるのかと思われるが、ツーショット写真はアルバムにおさめられている。

新宿御苑から帰宅した小久保を、最初に出迎えてくれたのも松の木だった。60年の歳月を経て、根周りは約60センチ、門の高さを超える。

17歳で三保谷村農協に就職したその年末に、小久保は正月用に売りに来た寄せ植の盆栽を買った。

「人生が始まった年の記念だ」

小久保は盆栽の小さな松の木を庭先に移して植えた。松は健康と長寿の象徴、神が降臨する依代ともいわれる。マツは母の名でもある。母親の健康と長寿の願いも込めた。4歳で戦争遺児となった小久保は、母親には、なによりも健康で長生きを願っていた。

小久保は、37歳のときに急性肝炎になり、1カ月ほど休んだことがある。このとき松の木は上から2番目の枝の葉まで黄色くなったが、ビールをやり、灌水もした。快方に向かうと、不思議なことに、いつの間にか青々とした葉になった。

また、母親が倒れたとき、松の木も悲しみにくれたのか、少し弱ったことがあった。このときもビールをやると生き返った。「松の木にはビールがいい」ということを、聞いていた。

「いい枝ぶりの門かぶりを植えたら……」という人もいるが、「この松はオレをずっと見てきた。松の木のように生きろと励ましてくれた。植え替えることも、伐ることもしない」

冬でも葉の色が変わらない松には「心変りしない」という意味合いもある。

小久保の60年におよぶ農協運動の足跡を振り返ってみると、まさに松の木のようである。

「どんなことがあっても心を変えず、農家、農協のために働く」という小久保の人生そのもののように思える。農業という地面に根を張った、農協ひとすじの人生である。

本書は、この松の木が見続けてきた小久保徳次とＪＡとの歩みである。

序章　「川越藩のお蔵米」新米まつり

「川越藩のお蔵米」の新米を求めて
長い行列をつくる新米祭り

2000人の長い列

小久保は毎年、埼玉中央農協川島農産物直売所で開かれる新米まつりを楽しみにしている。埼玉を代表する川島町産ブランド米「川越藩のお蔵米」の販売が始まるからだ。2015（平27）年は9月12・13日に行われた。販売が始まる前から、近在はもちろん浦和、大宮、川越など地域外の人も続々と詰めかけ、大変なにぎわいをみせた。

入り口では農協職員やキャンペーン隊が、おいしさを味わってもらおうと、直売所で炊き上げた新米のおにぎりをふるまった。

しっとりとした白い輝き、粘りと豊かな香りが口に広がる。

「甘みがあって、やっぱり新米はおいしいね」

「お蔵米はもちもち感が違うね」

「お蔵米を食べたら、ほかのお米は食べられないよ」

この日に売り出されたのは「川越藩のお蔵米コシヒカリ」。埼玉県認証の特別栽培米で、川越藩のお蔵米推進協議会の農家が9月初旬に収穫した。

「まつりの2日間は特別に1キロ300円で販売します」

埼玉中央農協川島基幹支店の小島一典支店長も大張り切りだ。2日間の販売目標は20トンだったが、21トンも売れた。

入り口前の広場にはテントが張られ、事前に予約した人が長い列をつくり、1袋20キロ、30キロの新米をマイカーに運び入れている。なかには県外ナンバーもある。多くは20キロ、30キロの1袋だが、30キロ入りを2袋、3袋と買い求めた人もいる。

「お蔵米」の新米をどれだけ待ち望んでいたか、これでよくわかるだろう。

その横では「ゆうパック」のサービスがある。1袋5キロ、10キロを化粧箱入りにして、地方の知人や親戚などに送っている。大阪に10キロ入りを17個送る人もいた。「お蔵米」はいまや全国にその名が知られている。

店頭では地粉手打ちうどん、焼きそば、焼きだんごなどが来場者を楽しませている。

「お蔵米は埼玉県と川島町、農協と農家が一体となって取り組んできたことが、年を重ねるごとに大きく育ってきた。今年は予想を超えるにぎわいだ」。小久保は満顔に喜びを浮かべる。

猛暑続きで作柄が心配されたが、収穫は10月まで続き、出荷量は約1万袋（1袋30キロ）を超えた。「お蔵米」は直売所で通年販売している。

おいしい米づくりを目指す

お蔵米推進協議会会長の小久保が「川越藩のお蔵米」のブランド化に取り組んでから、16（平28）年で27年になる。1991（平3）年12月には「川越藩のお蔵米」を商標登録している。

江戸時代の川島は、天領として川越藩の財政と台所をまかない、年貢米を貯蔵する蔵が数多くあったという。その米を「お蔵米」と呼んだ。

「この由緒ある川島産の米を多くの人に味わってもらおう」と、小久保が川島町農協組合長のときに旗振り役となり、ブランド化を推進した。

カントリーエレベーター（穀類乾燥調整貯蔵施設）の完成後に「うまい米づくり推進協議会」を設立し、転作目標を達成して国の転作政策に貢献するとともに、良質米としての品質向上に取り組んだのである。

定めた種子を使い、決められた有機質肥料で育て、田植え後の農薬を1回にするなど、厳しい栽培基準を設けた。栽培品種はコシヒカリ、キヌヒカリ、アサノヒカリの3品種にしぼり、現在はアサノヒカリに代わって埼玉県産ブランド米「彩のかがやき」である。

こうして安全・安心な、うまい米づくりに取り組み、育ててきた米が、たくさんの人に喜ばれている。新米まつりのにぎわいは農業人としての小久保の喜びなのだ。

小久保は早くから「地産地消」を目指し、82（昭57）年にはＡコープ店、10年後にはＪＡフレッシュショップ、さらに大きな販売施設である川島農産物直売所を２００１（平13）年4月に開設している。

直売所は田園風景が広がる国道２５４号バイパス沿い、圏央道川島インターチェンジからすぐ北側にあり、建物は「お蔵米」の川島にふさわしい蔵をイメージさせる。デザイン案は小久保である。

建物内には「安心・安全・新鮮」な地元産の野菜や果物などが並んでいる。新米まつりの頃はイチジク、ナス、ネギなど、12月から翌年5月は特産のイチゴ、1月から7月はキュウリ、トマトが人気だ。年間売り上げは6億円を超える年もある。

いまも米づくり

小久保は16（平28）年、喜寿を迎えた。いまでも毎日、自宅前に広がる8反（約2400坪、80アール）の水田を見まわる。

田植え時期には田んぼの畔を歩く。必要な水がたっぷりあるか、ふだんは一日1回だが、穂が出てからは朝夕の2回が日課だ。

必要なときに水をふんだんにやらないと、おいしい米はできない。水がなかったら、すぐに水を入れ、いっぱいになったら次の田んぼに流す。

「イネはね、育てるには強いが、米として実らせるには繊細な植物なんだ。必要なときに必要な水を供給するようにしなければ、おいしい米はできない」

天気がいい日は水が不足する。とくに稲穂が出るとき、育ったときには、水をたっぷりやる必要がある。米づくりは水が命なのだ。

そのため自宅裏に井戸を掘り、いつでも水を供給できるようにしている。小学3年から米づくりを始め、水が重要なことを熟知しているからだ。

しかし、小久保のように恵まれている水田ばかりではない。川島には、長い間、水争いがあった。それを解消するための灌漑排水事業は、川島町の長年の夢であり、米どころ川島の命運をにぎるほどの課題であった。

県営灌漑排水事業が始まったのは74（昭49）年。この事業を進めるには多額の資金が必要であり、また受益者の利害が複雑にからむ。「灌排事業なくして川島の将来はない」と考えていた小久保は、この事業に大賛成であり、積極的に取り組んだ。

小久保は関東生乳販売農業協同組合連合会会長をはじめ埼玉県農業協同組合中央会代表理事副会長など多くの農業関連団体の要職を務め、一時は80近い団体の会長や副会長に就いた。

それらの多くは10年ほど前に退任したが、「お父さんから米づくりを取ったら、なにが残るの」という妻の玲子の言葉を俟つまでもなく、70年におよぶ米づくりは退任しないつもりだ。

第1章　幼き日の立志

藺買い事業では多くの従業員を抱えていた。右から3人目が父明雄、抱いているのは小久保(1941年ごろ)

父明雄の出征記念（前列左から、妹美智子を抱っこしている母マツ、4歳の小久保、父明雄、叔父今朝男、後列左から叔母2人、今朝男妻）

父明雄

【父、祖父、叔父たち】

川に囲まれた緑の島

小久保徳次は1939（昭14）年5月30日、比企郡三保谷村に生まれた。

三保谷は中世末期に三保谷郷があったとされ、村名はこの郷名からつけられたと推察される。三保谷という名の由来は、水路、川の淀みを意味する「澪」「水尾」と思われる。

この三保谷村が、中山・伊草・出丸・八ツ保・小見野の5カ村と合併して川島村となったのは54（昭29）年である。72（昭47）年11月には町制を施行した。

川島町は埼玉県のほぼ中央に位置し、面積は約42平方キロメートル。北は市野川を境に東松山市・吉見町に、東は荒川を境に北本市・桶川市・上尾市に、南は入間川を境として川越市に、西は越辺川を境に坂戸市に、それぞれ接している。

標高は平均約15メートル、高低差がほとんどない平地だ。四方を川に囲まれた、広々とした〝島〟のような景色が広がる。約6割を耕地が占め、そのうち8割近くが水田という稲作地帯である。

養蚕が始まると、その後、「四津家」と呼ばれた集絹所となり、堀をめぐらした屋敷には繭の買い場がいくつもあり、家の半分はそのための部屋だった。

「春・夏・秋・晩秋で5万貫（約190トン）を扱った」と語るのは、小久保の叔父で、16（平28）年98歳になる小久保今朝男である。

小久保家の田畑の耕作は代々、石戸の橋本一家が行い、そのほか2町歩（約2ヘクタール）を貸すなど、三保谷では有数の農家だった。遊蕩の盗人に押し入られ、甕に隠していた金を差し出して命を救われたこともあった。

小久保の曽祖父になる勝五郎は、大島紬を着て、冬は鉄砲を担いで野鳥を撃ちに出かけるような人だった。大宮に土地を買い、2軒の借家を建てた。1軒は勝五郎の孫になる今朝男、もう1軒は勝五郎の妹リキが継ぎ、さらに土地を購入し、一部を「ムービー大宮」に売却した。

勝五郎の長男、小久保の祖父である正徳は1889（明22）年に生まれ、養蚕農家から繭を買って製糸会社に売る「繭買い」の事業を始める。川島全域、坂戸の一部となる赤尾や勝呂、三芳野まで足を延ばし、大宮の渡辺製糸や片倉工業に卸した。

その正徳が1933（昭8）年10月に44歳で亡くなると、繭買いの仕事は長男の明雄が継いだ。小久保の父親である。

小久保家の跡取り

明雄は13（大2）年11月6日に生まれた。三保谷村立尋常高等小学校の3年間、その後の中山村立国民学校第二部（昼間）、三保谷村立国民学校（夜間部）も首席で通すと、父親の正徳が始めた繭買いに従事した。

その頃になると比企郡内で盛んだった養蚕業に陰りがみられ、先行きに不安を覚えた明雄は、養蚕組合設立時には繭買いの仕事をやめてしまった。

34（昭9）年に徴兵検査を受けた明雄は甲種合格だった。翌年1月10日に入営、現役兵として2年間の兵役についた。

三保谷村に帰った明雄は、出丸村の吉田マツを迎えた。徳川時代には代官所のような役割を担っていた旧家で、マツの父親は村会議長を務めたこともある。

夫婦はすぐに長男虎雄をもうけるが、幼くして亡くした。次男の小久保が生まれたのは39（昭14）年5月30日、明雄26歳、マツ24歳だった。奉天で大成功した大叔父が「オレも次男だ、オレにあやかって名前は徳次にしろ」ということで「徳次」と命名された。

曽祖父の勝五郎は、小久保家の跡取りができて安心したかのように、この年に亡くなった。

小久保が生まれる2年前に起こった盧溝橋事件を発端に、日中間の戦争が泥沼化し、翌38（昭13）年には国家総動員法が公布・施行された。生活必需品の配給制が始まり、大政翼賛会が結成され、戦時体制が強まっていった。

このような時代のなかで、小久保は毎日牛乳を飲み、当時は高価なバナナを食べるなど、大事に育てられた。早くして長男を亡くしていた明雄マツ夫婦は、小久保家の跡取りとして、何が何でも大事に育てるという思いだった。

小久保が生まれた翌年、明雄は村役場に勤めることになった。召集令状などで戸籍原簿には書き込みが多く、乱雑になっていた。その戸籍原簿を整理し、きれいに清書する仕事だった。

字がうまかった明雄に白羽の矢が立ったのである。40（昭15）年9月4日付の毛筆の履歴書が残されているが、端正な字である。

戦死しなければ村長になった父

小久保が生まれた39（昭14）年には、東海林太郎が歌った「名月赤城山」が大ヒットした。作詞は三保谷村出身の矢島寵児（1908〜46）である。

矢島は「三保谷豊年踊り」の作詞もしており、明雄はその普及に努めたといわれている。川島町では矢島寵児を偲ぶ会を開催し、そのときには三保谷豊年踊りの保存会が歌い踊る。

41（昭16）年12月8日、昭和天皇が宣戦の詔書を発布、太平洋戦争が始まった。翌年に妹の美智子が生まれた。日本軍は緒戦こそ勝利したものの連合国軍の反攻が本格化すると、召集や勤労動員が拡大し、43（昭18）年、明雄にも召集令状が来た。

役場に勤めているということで帰郷を言い渡されるが、「お国のためにはたらく」と言って、満州の機関銃隊に入隊した。

出征して間もなく、不衛生な水を飲み、野戦病院に担ぎ込まれる。手あつい診療を受けたが、43（昭18）年11月9日に亡くなった。行年31歳だった。

遺骨は甲府に受け取りに行った。母のマツは4歳の小久保と1歳の美智子を抱えた戦争未亡人となった。

「明雄さんは村によく尽くしてくれた人で、人望があった。戦死しなければ村長になった」という村の人たちの話を、小久保はその後何度も聞いた。

「戦前は2メートルぐらい土盛りした屋敷に白壁の大きな蔵があった。桶川に飛行場があったからだろう、憲兵が来て、蔵を壊せと言われてね」

こう語るのは明雄の次弟、今朝男である。明雄には今朝男、繁、静一の3人の弟がいた。

今朝男は18（大7）年4月10日に生まれ、三保谷の青年学校を卒業すると大宮に出て、祖父の勝五郎が購入した土地に建てた借家の1軒に住んだ。37（昭12）年に4000人が働く国鉄（現・JR東日本）大宮工場に就職した。当時は不景気で、2000人の応募者に合格者40人という狭き門に、今朝男は13番で合格した。

就職するも、日中間の戦争が全面的展開となり、翌年には今朝男も満州に出兵、関東軍第10中隊第1班に配属された。20日間におよぶ行軍を続け、満蒙国境ノモンハンで参戦、103高地とアルゼン河の戦闘で勝利した。

その後は本部勤務となり、41（昭16）年春に経技下士官で満期除隊、1カ月後に国鉄に復職した。宣戦の詔勅が発布された年である。

大宮工場では戦前から戦後と総務部で働いた。当時の文書はガリ版印刷だった。今朝男はガリ切りという技術を身に付け、定年後にはガリ版印刷・製本の会社を経営したこともあった。

その一方で書道、日本画をたしなみ、日本画は新生美術協会に所属した。新宿・小田急、銀座東急、松坂屋で開催された展示会に出品し、朝日新聞社賞を受賞したこともある腕前で、現在も絵筆をふるっている。

51（昭26）年には町内会会長、定年後は公民館主事などを務めた。中部公民館では10年間盆栽講師もした。

小久保が三保谷村農協に勤めながら浦和実業専門学校（現・浦和実業学園高校）に通っていた頃は、小久保を気にかけ、よく面倒をみた。

「叔父さんはムービー大宮や聚楽にも関係していたので、学校に通っていた頃は小遣いをもらったり、いろいろな面で面倒をみてもらった」と感謝している。

そんなある日のことだった。農協の安い給料を心配した今朝男が、小久保に転職を勧めたことがあった。

「今度、大宮に食肉卸市場が開設される。そこに勤めてみないか」

「ありがたい話だが、うちの農業のこともあるし、この道を歩きたい」

小久保の農協、農業に対する思いは、この頃からひと筋だ。

同市場は61（昭36）年に大宮市食肉中央卸市場として設立され、その後、さいたま食肉市場となった。小久保は99（平11）年から４期８年、同市場の監査役を務めた。

「人生にはなにかと不思議な巡り合わせがある」。77歳となった小久保の感慨だ。

奉天の小久保写真館

曽祖父の勝五郎には２人の男児がいた。長男の正徳、次男は小久保と同じ徳次で、小久保の名付け親だ。正徳が祖父、徳次は大叔父である。

大叔父の徳次は１８９０（明23）年12月30日生まれ。徴兵検査は甲種合格で、熊谷連隊区入間川に入隊した。入隊後、入間郡水富村大字笹井の志村家のお嬢さんから、熱烈に求愛され結婚した。志村家は60町歩（約60ヘクタール）を所有する大地主だった。

21歳になった徳次は、外地勤務を希望し、山東省の憲兵隊員として中国に転勤する。外地手当が付くというのが希望した理由だった。

上等兵から憲兵隊副隊長まで昇進したが、軍隊に長くいるつもりはなかったようだ。昭和天皇の即位の礼があった1928（昭3）年に除隊、そのまま奉天にとどまり、埼玉県人会会長にもなった。

「満州は帝国の生命線」とする日本政府は、中国東北部を中国本土から切り離す政策を推し進めた。広大な大地を、徳次は勇躍の天地とみたのだろうか。「何か事業を興したい」と思い立ち、奉天・春日町に「小久保写真館」を開いた。奉天に来て17年経っていた。

奉天は現在の瀋陽市。かつて清朝の都があった城郭都市で、市街地には帝政ロシアの面影が残り、ヨーロッパの風情に包まれた近代的な都市だった。春日町はその中心に位置していた。

小久保写真館の写真が残っている。大きなビルの1階にあり、ネオンサインで「KOKUBO no SYASIN」とあるウインドは、夜になるとひときわ輝いていただろう。

応接間には丸テーブルが置かれ、椅子には白いカバーがかけられている。スタジオ横には待合室のほか、机と椅子が置かれた撮影料金を清算する部屋があり、昭和初期の雰囲気がただよう。

このような豪華な写真館を、憲兵隊副隊長とはいえ、月給だけでは開設できないだろう。今朝男は「出征するときに、長兄の正徳が信用組合から100円を借りて持たせた」と語っている。1906（明39）年の巡査の初任給が12円、現在20万円とすると、200万円弱を持たせたことになる。

小久保の祖父正徳は33（昭8）年12月27日、44歳の若さで亡くなったが、その百日法要に奉天から戻った徳次は、1000円持ってきたという。35（昭10）年の巡査の月給が45円だから、いまなら500万円近くになる。

徳次に写真技術があったわけではなく、日本人のほか中国人、朝鮮人のなかで撮影技術のある人を雇った。何人くらいの従業員がいたか分からないが、太平洋戦争が始まった年に写された館員一同とする写真には11人いる。

撮影料金はどのくらいだったのだろうか。写真家の立木香都子は、『値段の明治・大正・昭和の風俗史』（朝日新聞社刊）に「昭和8年は名刺判が4ポーズ4枚1組1円50銭、はがきより少々大き目のキャビネ判が3円50銭、大キャビネが4円50銭」と書いている。巡査の初任給が45円、キャビネ判は1万5000円前後だろうか。

写真館開設から4年後に満州国の建国があり、関東軍は清朝最後の皇帝愛新覚羅溥儀を元首に傀儡政権を樹立し、帝政を敷いた。

日本からは満蒙開拓団などが勇躍を夢みて大勢来るようになり、奉天の人口は日々急増した。一般家庭にはカメラが普及していない。しかも元憲兵隊副隊長の写真館である。中国人や韓国人などのスタッフもおり、日本人以外の利用も多かった。

時代の追い風もあり、奉天で写真といえば、小久保写真館だった。

満州の発展と軌を同じくした小久保写真館は、売り上げもうなぎのぼりだ。開設8年後の36（昭11）年、徳次は現金20万円をミカン箱に詰め込み、一時帰国する。ローマ風呂で有名な熱海の大野屋を買収するためだった。

20万円は現在の貨幣価値でいくらになるのか。34（昭9）年～36（同11）年を1とする「企業物価戦前基準指数」（日銀発表）によれば、2014（平26）が735・5倍、約1億5000万円である。

大野屋側の条件は全員雇用、徳次は全員解雇だった。経営不振は経営者にも従業員にも原因があるという考えからだった。

結局、折り合いがつかず、買収を断念すると、東京・中野の大滝工務店に依頼し、中野に24世帯、板橋・大山に13世帯が入居できるアパート2棟、40（昭15）年には杉並・井荻に本宅を建てた。

翌年、日中両軍が北京郊外の盧溝橋で衝突、日本は23個師団70万の兵士を投入、本格的な日中戦争がはじまった。

満州に移住する独身男性や嫁ぐ女性が増え、写真館は見合い写真を撮る人たちで大いに繁盛した。

奉天市大和区の牧産婦人科医院で生まれた薬師川芳子さんが、久我知美さんが記した「育児日記」をブログで紹介している。

「1942・3・10　気温も昇り暖かい。また陸軍記念日の好き日なので芳子の写真を撮りに行く――奉天春日町小久保写真館」

徳次は写真館だけでなく、奉天ではキャバレー「ハトヤ」も経営し、太平洋戦争が始まった年には新宿・歌舞伎町の「花園」を買い入れ、3年後にはさらに3店増やした。

終戦から2年後に帰国したが、中国での生活は40年近くに及んだ。亡くなったのは66（昭41）年1月11日、75歳だった。

2000（平12）年10月、小久保の養父である静一は埼玉中央旅行センター主催の「大連・瀋陽・北京」に参加した。総勢21人、うち10人が三保谷であった。瀋陽（旧奉天）を訪れた静一は、「旧家を訪ねて」というメモを残している。

「四時に起きてホテルを出て、懐かしい春日町旧小久保写真館を訪ねる。五十年前のうすろいだ記憶をたどりつゝ、やっとのおもいで旧家を発見……。しばし懐想にふけり感無量なり。今、復興中の春日町を、後ろ髪を引かれる思いで白々と明けはじめる中を宿に向かう……。三年後には再開発のため旧家も取り壊されるとのこと」

「旧家」に同行したのは、小久保隆、矢部三郎、矢部義川、辻新吉、辻米子の５氏だった。

【ゼロからの出発】

8反百姓となった小久保家

小久保は終戦の年の１９４５（昭20）年４月、三保谷高等小学校に入学した。２年前に戦死した父親に、その姿を見せることはできなかった。

8月15日は母と3歳になる妹美智子の3人で迎えた。小久保に玉音放送を聞いた記憶はない。大きな家は物音ひとつしない空間が広がっていたに違いない。

2年後の47（昭22）年、小久保家の生活が一変した。連合国軍最高司令官マッカーサーの指令による農地改革が始まったからである。

小久保写真館で大成功した大叔父の徳次は、小久保家のそれまでの土地に加え、周辺の土地を買っていた。売買交渉は兄の明雄にまかせ、徳次が送金して購入した土地もあった。徳次からすれば、出征する際に１００円を持たせてくれた恩返しという思い、そして本家の資産を増やすことを忘れることはなかったのだろう。

こうして大叔父が購入した土地は、不在地主として農地改革の対象になり、すべて他人の土地になってしまった。小久保家に残ったのは、家の周りの8反（約80アール）の水田と1反ばかりの畑だけだった。

この年の7月、母親のマツは戦死した夫の末弟、静一と結婚する。当時の戦争未亡人には多くみられた結婚であった。

4歳で父親を亡くし、8歳になるまで母と3歳下の妹との暮らしは心細かったにちがいない。子ども心にも「家を守らなければ」という思いがあり、母親の再婚に抵抗感はまったくなかった。

「新しい親父が家を守ってくれるというような、喜びに近い気持ちだった」と振り返っている。

新しく父親となった静一は20（大9）年9月19日に生まれ、36（昭9）年に三保谷高等小学校を卒業すると、叔父のいる奉天に行った。小久保が生まれた39（昭14）年には奉天省日本学校組合立奉天青年学校本科を卒業し、翌年の皇紀二六〇〇年全国青年団大会では満州国代表として一時帰国し、伊勢などを旅行している。

太平洋戦争が始まった年に青年学校研究科を優秀な成績で終え、小久保写真館で主任として働いた。43（昭18）年8月に召集令状を受け取り、現地入隊。長兄の明雄、小久保の実父が戦死したのは、その3カ月後だった。

小学3年生から農作業

母親マツと結婚した静一は、農作業の経験がまったくなかったが、「小久保家を守る」という思いで取り組んだ。すべてが初めてのことだったので苦労した。その姿をみて小久保は、それまでと同じように家事を手伝い、父親に代わって農作業に励んだ。

小学校3年になると毎朝4時、5時に起き、田んぼを耕す牛のエサとなる草の刈り取りに出かけた。となりの家の矢部義明氏は、3歳上だったが、よく面倒をみてくれた。毎朝5時に迎えにきて、小久保の分まで手伝ってくれた。

背負いかごがいっぱいになるまで草刈りして帰ろうとすると、「おい、その草はオレの田の草だ、置いていけ」と、何度か言われたことがある。

いまは農道にも畔にも草はいっぱい生えているが、その頃は道の草も排水路の草もきれいに刈り取られ、ほかの人の田の畔草を見つけては刈りに行った。近くの農道の草を刈り取ってしまえば、遠くまで行かざるを得ない。牛は水田を耕す大事な労働力。草はその牛の食事だから、一日たりとも休めない。毎朝、背負いかごを山にするまで刈り取り、それを背負って帰る。子どもの小久保には大変な労働だった。

刈り取った草と稲わらを飼い葉機で細かく切り、それといっしょに米のとぎ汁を加えて1頭の牛に食べさせる。おいしそうに食べる牛をみると、疲れも吹っ飛んだ。牛が小久保に感謝してくれているようにも思えた。

それから学校に行き、帰ってくれば、今度はイナゴ、タニシ、ドジョウ、アメリカザリガニなどを取った。

また、畑の周りに植えてあった桑の木の皮むきを手伝った。桑の皮は強制的に供出させられた。繊維の代用品として使われていたのである。

足の裏は赤チンで真っ赤

終戦の年に始まった小久保の小学校時代は、軍国主義から民主主義に大きく転換した混乱期と重なる。

三保谷小学校の同級生は65人いた。ズックを履いて通う同級生もいたが、多くは下駄で、弁当はほとんどサツマイモが入った麦飯だった。

みんな貧しかった。都会で暮らす人たちは、配給だけでは生きていけず、闇米や食糧の買い出しに苦労した。終戦翌年の5月にあった飯米獲得人民大会（食糧メーデー）には25万人が集まり、食糧不足とインフレが深刻化していた。

小久保が「なんとしても豊かになりたい」と思ったのは、この頃の生活がある。この気持ちが、その後の励みともなった。

田んぼのことを知らない父親に代わって耕耘、代かき、牛の鼻に竹の棒でしばって行先に導いていく鼻取りもした。

8反の田んぼは稲作と裏作の小麦を栽培した。小麦を耕作するには牛で耕耘し、万がという整地機で土を細かく砕き、さらに万能で整地する。これが学校へ行く前の作業だ。

種播きは11月から始まる。霜が降り、真っ白な畑に朝星が光っている。かじかむ手を畑のかたわらの焚き火で温めながら、農作業をした。

当時は、小学生が履くような地下足袋がない。切り株が残る田んぼには素足で入り、牛の鼻取りだ。小麦の切り株はかたく、足に刺してしまうと、ものすごく痛い。夜になるとはれ上がり、トイレに行くにも這って行くようこともあった。当時、赤チンと呼ばれていた薬を塗ったので、足の裏はいつも真っ赤だった。

麦を刈ったあとは水を張って水田にする。そして代かきが終わると、稲の苗取りである。1反当たり２５０～３００束つくり、そのあと田植えとなる。

1反の田んぼは縦30間（約54メートル）×横10間（約18メートル）、1間に6列植えていくと、1反は12列である。54メートルの12倍、距離にして６４８メートルを手で植えていかなければならない。

腰を曲げての田植えは辛い。小久保と母、2人の叔母といっしょになって行ったが、大変な作業で、一日に1反が限界だった。8反の田植えには10日もかかった。

夕方になると、風呂を沸かす仕事が待っていた。燃料はマキと木の枝である。燃えているのを見守っていないと、火災のもとになる。風呂に入れるようになるまで目を離せない。

夕食の準備もある。麦ごはんを炊いたり、うどんを茹でたり、すいとんを作ったりした。「おかげでいまも炊事は出来るし、苦にはならない」

戦前は使用人がおり、祖父が始めた繭買いを手広く営んでいた豊かな小久保家が、終戦とともに一変し、生活は子どもの小久保の肉体にまで重くのしかかっていた。

当時の1反当りの米の収穫量は5俵半から6俵だった。8反の小久保家は50俵前後の米の収穫と小麦、それにサツマイモやジャガイモなどを栽培する1反ばかりの畑作で生活していた。

三保谷の普通の家には畑があり、少なくなっていたとはいえ養蚕を営み、少しはゆとりがあった。小久保家には桑を植えるほどの畑がなく、家のまわりに植えていたにすぎなかった。「どうやら生活できる状態で、借金することもあった」という。

小久保は毎日、朝星夜星の農作業を手伝っていたが、少しも苦しいとは思わなかった。「豊かになりたい」という夢があった。14代続いているともいわれる「四津家」の再興を、「自分がしないで誰がするのか」という思いがあった。この思いが、その後の小久保の原動力となっていく。

高校進学で悩む

毎日、大人顔負けの農作業をした小久保だったが、三保谷小学校を上位の成績で卒業、三保谷中学に入学した。この頃になると、農作業に不慣れだった父親も数年の経験を積んでいる。小久保の手も、少しだが軽減された。

中学時代の小久保は学業優秀、運動は800、1500メートルでいつも1位、野球部では4番バッターとして活躍した。文武両道の少年として、地元でも一目置かれる存在だった。学校からの帰りには放歌高吟する硬派ぶりで、ガキ大将だった。

楽しく過ごした3年間だったが、卒業を迎える頃になると、進路で悩んだ。同級生たちは進学と就職が半々だった。

成績優秀で、勉強が好きな小久保は高校進学を望んでいたが、生活は相変わらず苦しい。家庭の経済状態を考えると、高校進学を言い出せなかった。

このときに勇気を出して言えば、進学できたのではないか。というのも静一は、農業をしながら、臨時社員ではあったが東洋ゴムに勤め、毎月、現金収入があったからだ。

臨時社員というのには、父親の静一らしい理屈があった。

「農業は自然に寄り添わなくてはいけない。自分の都合で休むことはできない。だから、田植えなどで休まなくてはならないとき、会社に迷惑がかかってしまう。それはできない」

何度もすすめられた「社員」を断り、「臨時社員」という立場に始終した。こういう父親の性格を知っていたから、高校進学をなかなか言い出せないでいた。

それでも高校に進学したいという思いを募らせていたある日、入間郡鶴ヶ島村に県立農業経営伝習場（現・埼玉県農業大学校）があることを知った。

農業実習と学業を習得できる伝習場は1年制で、全寮制である。家庭の経済的負担も少ない。高校進学から伝習場で学んでみたいという思いに傾き、担任の山口精一先生に相談した。

隣村の名家出身の山口先生は、小久保の話を親身になって聞くと、「1年でもいいから、勉強しなさい」と進学をすすめた。小久保は伝習場の入学を決心した。

「当時、奨学金制度があり、山口先生が手続きしてくださった。それだけでなく、入学試験にも付き添っていただいた」と、きのうのことのように話す。

奨学金は大日本精糖から出されていた。社長の藤山愛一郎氏は藤山財閥の2代目として財界から政界に入り、外務大臣となった人である。

「ほんとうに親身になって力になっていただいた山口先生は、いまでも忘れられない」。15歳の少年の感謝の気持ちをいまも忘れていない。

その後、山口先生は校長を務め、勲章を受勲した。そのお祝いの会に小久保は世話人をつとめ、「先生に恩返しができた」と喜んでいる。

県立農業経営伝習場に入学

埼玉県における農業人の育成は古く、31（昭6）年には日本農士学校が比企郡菅谷（現・嵐山町国立婦人教育会館所在地）に設立されている。

小久保が入学した県立農業経営伝習場（以下、伝習場）は終戦の年の4月に、農村の中堅青年の養成を目的に設立された埼玉県農民道場が前身で、2年後に鶴ヶ島修練農場となり、49（昭24）年4月に伝習場となった。

伝習場はその後、日本農士学校を整備統合するなどの変遷を経て、85（昭60）年に埼玉県農業大学校に改称する。2001（平13）年からは県知事が名誉学長に就任し、卒業生は埼玉県農業士に認定されている。15（平27）年4月、鶴ヶ島での70年間の歴史を閉じ、熊谷市に移転した。

農業経営伝習場入学に世話になった山口精一先生と小久保
（2014年3月、小久保自宅庭）

農業に有用な人材を多く輩出している同窓生は、埼玉の農業を支えるという気概にあふれ、〝大学校一家〟という信頼の絆で結ばれている。小久保は同窓会「武蔵野同志会」の元副会長である。

埼玉県代表として発表

伝習場に入学したのは川島6カ村では小久保一人かと思っていたが、八ツ保中学から福島肇氏、小見野中学から清水繁雄、林弘之の2氏と、はじめて4人が入学した。

小久保たち11期生は105人、うち17人の女生徒は家庭科だった。

敷地は約40ヘクタールと広い。午前中は国語・数学・理科・社会の4教科を学習し、午後は抜根して開墾したり、サツマイモや馬鈴薯、野菜などを畑に栽培し農業を学んだ。終戦後10年が過ぎていたが、明けても暮れて

農業経営伝習場第11期生記念写真（1955年4月）

も食糧の増産、増産の時代であった。

小久保は水田地帯の出身である。田んぼの開発を近藤亮一場長先生に頼み、同級生にはたらきかけ、翌年に田んぼができた。

授業が終り、夕食前のひとときは耕耘馬の栄山、朝霧、そして暴れ馬の豊春の3頭に乗ったりした。

血気盛んな年頃だ。小さなトラブルはあったが、食事も風呂もいっしょの寮生活の楽しさがあった。育ち盛りの少年には朝・昼・晩の食事だけでは腹がへる。「まわりに店がなかったので、腹がへるのが一番つらかった」と少年時代を懐かしむ。

月に1度、夕食時に開かれた誕生会では歌やゲームを楽しみ、夕食にもごちそうが出た。これが何よりの楽しみとなった。

遊びたい盛りでもある。何かみんなで楽しめることはないか考えたが、なかなかなかった。小久保が「空き地があるので野球をやらせてほしい」と近藤場長先生に申し出た。反対される理由はなかった。

中学では４番バッターだったが、ここでも４番バッターとして活躍。また、８００、１５００メートルに自信がある小久保は、運動会も提案した。後日、鶴ヶ島村の運動会にも参加するようになり、１５００メートルで優勝した。近藤場長先生や仲間の喜ぶ顔が忘れられない思い出となった。

長野県八ヶ岳の農場で開かれた全国伝習農場大会プロジェクト発表会に、埼玉県代表として2人が選ばれた。小久保はむずかしい肥料の均等配布を実演発表したが、もう1人の澤田専子さんは発表することはなかった。彼女は才色兼備の生徒だった。

卒業では、1位の農林大臣賞は獲得できなかったが、2位の全国農業経営伝習場連絡会会長賞を受賞し、両親と山口先生の期待にこたえることができた。

卒業を前にしたある日のことだった。近藤場長先生から、「小久保君、引き続き研究生として残り、生徒の指導にあたってくれないか」という要請があった。

「両親との約束が1年なので、相談しなければなりません。少し時間をください」と言ってその場は辞した。日曜日に家に帰って相談すると、

「農業のことは心配するな。学費も奨学金もいただけるので名誉なことだ。一所懸命勉強させてもらえ」

父は快く賛成してくれた。近藤場長先生に報告すると、たいへん喜ばれた。

埼玉県代表として全国伝習農場大会プロジェクト発表会に参加

小久保といっしょに研究生になったのは、男子では加賀崎千秋氏、湯本賢一氏、女子では浅見敏子さん、小林敏江さん、鯨井浪子さん、松本征枝さんの男女7人だった。

加賀崎氏は卒業すると加賀崎建材興業を設立し、事業をいろいろと広げ、現在も盛業を続けている。同時に熊谷市議会議員5期当選、議長を務めるなど、現在も熊谷市の市政に貢献している。湯本氏は東京に出た。

浅見さんは他界されたが、小林さん、鯨井さん、松本さんの3人は結婚後も伝習場の経験を活かして農業などにたずさわっている。

研究生には農業実習の助手、新入生の生活指導が任せられた。新しい生徒は114人、いっしょに勉強し、農業実習では先生をサポート、下級生といっしょに農作業に励んだ。

肥料の均等配布を実演する小久保

生活指導では、小久保のリーダー的な資質が大いに発揮された。自らも経験しているが、夜ともなればいろいろなことが起こる。舎監の先生はいるが、寮については任されていた。先生が言うことよりも、ひとつ年上の〝良き兄貴〟として生徒の相談相手となった。

しかも、当時としては大柄な168センチ、にらみがきく風貌から、〝舎監〟としてはうってつけである。といって、腕力で押さえつけるような小久保ではなかった。正義感が強く、曲がったことをもっとも嫌い、その場逃れをしない、正道を行くタイプである。厳しく接したが、ひとつ年下の生徒を弟のように思い、面倒見はよかった。

小久保が結婚したとき、1期下となる12期生の同窓会に夫婦で招かれ、祝ってもらった。いまでも同窓会に「先輩来てください」と招待されている。

研究生時代で忘れられない思い出は、昭和天皇が伝習場を視察に来られたことである。「お迎えした光景が、いまでも脳裏に鮮やかに浮かぶ」と、60年前の日をきのうのことのように語る。

伝習場の先生か、農協職員か

伝習場での2年間は、またたくまに過ぎようとしていた。1月の日曜日に家に帰ると、三保谷村農協の理事が小久保を訪ねてきた。

近藤亮一場長先生

「伝習場を卒業するそうだが、農協で働いてくれないか」

そのときは即答せず、「考えさせてほしい」と答えた。

3月に入って間もなく、今度は近藤場長先生が「君はよく頑張ってくれた。このまま学校に残って、先生として働いてくれないか」という話があった。

「ありがたいお話ですが、少し考えさせてください」

今度も即答はしなかった。すると農協の高橋一郎組合長、平沼地区役員から、「返事を聞かせてほしい」と催促される。

「まだ勉強したいし、伝習場で学んだ農業も実践したい」

こう言って農協の誘いを断ったが、高橋組合長は、

「農協はいま、大変な時期で、隣村の農協は再建整備の対象になっている。三保谷村農協も、いつ、そういう事態になるかわからない。君のような若い、やる気のある人に、ぜひ、これからの農協を頼みたい。君が言っている学校も夜間に通ったらどうか。農協の仕事を4時にしまえば、それから学校に行ける。これは私が認める」と懇願された。小久保は大いに迷った。

農業もしたい。

勉強もしたい。

就職もしたい。

伝習場の先生か、地元の三保谷農協の職員か。

17歳の小久保には、これからの長い人生を思うと、あまりにも大きな選択だった。両親にも相談し、熟慮に熟慮を重ねた。

地元の農協で働きながら勉強し、できれば青年団、4Hクラブ、消防団の活動もしたい、と思うようになった。農協の地区役員に話をすると、「君の希望は全部かなえさせる」と、ありがたい言葉が返ってきた。

ＪＡと歩んだ小久保の60年は、こうして始まった。

第2章　農業に賭ける

倉原式土蔵庫の建設で食糧庁から優良倉庫として表彰される（前列左から、販売主任小久保、野澤検査員、小久保組合長、岡野金融主任。1959年）

【まず農業倉庫づくり】

三保谷村農協の設立

小久保が、60年におよぶ農協運動のスタートを切った三保谷村農協について記した一文がある。『JAさいたま五十年史』に寄稿した「川島村農業協同組合の成立」で、〝三保谷村農協の設立前史〟となる部分である。以下に抄録しておこう。

『終戦直後の食糧不足と経済が混乱する中で実施された農地改革と財閥解体は、わが国の政治的・経済的・社会的な基盤を根底から覆し、それまでの体制を一挙に解体させた。

農地改革とともに忘れてならないのが、いわゆる「農協法」で、「地主的土地所有制」から「農民的土地所有制」へと転換が図られ、勤労農民に農地の開放が行われた。

この農地改革を実現するために、旧来の農業団体の解体と、自由で自主的な新農業団体制度の確立が図られた。農協法は、新農業団体の根拠法として、1947（昭22）年11月19日に公布され、埼玉県では農協団体の設立を円滑に推進するための設立促進委員会が結成された。

翌年度には403農協が設立され、県内の全農家が組合に加入した。

川島の6カ村もこの年の8月15日に設立され、6カ村の初代組合長は、三保谷村が鈴木誠一、中山村が渋谷保高、伊草村が鈴木三千夫、出丸村が片岡正治、八ツ保村が矢部顕一、小見野村が清水鉄三の各氏だった。

戦前の43（昭18）年3月に農業団体法の公布によって誕生した農業会は、5年6カ月で法定解散となり、農民組織として新しく生まれた農協に施設、事業及び人材のほとんどが引き継がれた。

この頃の事業は、組合員からの預貯金を扱う金融事業、米麦芋類、大豆、菜種、青果物、畜産物の取り扱い事業、肥料や農薬、農機具などの販売事業、米、生活品などの配給事業などであった。

こうして農村の民主化と農家の経済発展の期待にこたえて設立された農協であったが、戦後の厳しい経済変動のなかで、設立後わずか2、3年で経営不振の農協が続出し、経営の脆弱性が露呈した。

51（昭26）4月には農林漁業組合再建整備法が施行され、県内55農協が指定を受けた。指定されなかった農協もその後悪化の一途をたどり、56（昭31）年3月には農協整備特別措置法が制定され、2年間で40農協が再建団体となった。』

夜は浦和実業専門学校

小久保が三保谷村農協に就職したのは、この農協整備特別措置法が制定された翌年の57（昭32）年4月である。翌5月30日には18歳の誕生日を迎える17歳だった。

川島6カ村の農協のうち伊草村農協はすでに再建団体に陥り、三保谷村農協も経営的には厳しかった。

初任給は３８００円だった。当時の巡査の初任給が８１００円（朝日新聞社刊『値段の明治・大正・昭和風俗史』）、その半分にも満たなかった。

就職と同時に、浦和実業専門学校（現・浦和実業学園高校）夜間部に入学した。午後4時に農協の仕事を終え、桶川から電車に乗り、2年間、浦和に通った。

このとき浦和までいっしょに通ったのが、三保谷中学同級生の三澤禎男氏だった。小久保が就職を決めたときに「もう少し勉強したい」と三澤氏に話したことがあり、彼も勉強を望んでおり、「いっしょに行こう」と言っていた。

三澤氏は埼玉大学夜間部、小久保は自分の将来を考え浦和実業に入学した。農協に就職すれば、いずれ簿記、会計、手形小切手などの専門知識が必要になる、と考えて選んだ学校であった。

その後のことだが、浦和実業で学んだことが小久保の評価を高めることになった。同校の同窓会名簿の一番目は小久保である。


「駄目だったら仕事で返します」


三保谷村農協に就職を決めた小久保は、「農協に入ったら、まず何をすべきか」と考え、三保谷村の農業の実態を調べた。何事にも実地調査を重視し、準備を怠らない小久保らしい行動だ。

三保谷村の耕作地は400ヘクタールを超え、大半が米作と麦作の二毛作だった。麦は小麦、大麦、ハダカ麦である。

農協の販売量は米麦合せて4万俵（1俵60キロ）を超えるが、それを収納・保管する政府指定倉庫は3000俵を収納できる30坪（99平方メートル）倉庫1棟で、そのほかは農家の蔵22棟を借り上げていた。

これでは農協の経営安定化は難しい。小久保は、米麦を収納・保管する農業倉庫を建設し、保管料収入を上げることが重要と考え、伝習場で農業倉庫建設について指導を受けた。

組合長に農業倉庫の必要性を理路整然と説明するが、「資金はどこにある、資金があれば苦労はない」と言われてしまった。組合長は「再建を任せる」と言っていた高橋一郎氏から、小久保安次氏に代わっていたのである。

「国からの特別融資も受けます。補助金を使います」

「そんなことができるのか」

融資額は243万5000円だった。組合長は返済を心配して、なかなか了承が得られない。借入賃金は無利息であり、保管料収入で返済できると説得を続け、「駄目だったら、必ず仕事で返します」と決意を表明した。

18歳の新人職員に、こうまで言われては組合長も強く反対できない。

建坪60坪（198平方メートル）の農業倉庫は翌年の7月15日に着工、10月25日に完成した。日本瓦葺きの倉原式改良土蔵倉庫である。

建設を記した銘板には、建設委員として小久保安次組合長をはじめ農協理事、村の助役、村議らの名とともに、職員小久保徳次の名が刻まれている。このことからも村を挙げての大きな事業だったことが分かる。

建設された農業倉庫は6000俵を収納・保管できる。保管料は1期15日、1カ月2回の収入となる。2日入れても1期分として計算される。

1俵当たりの保管料は、内地米が1期6円12銭、1カ月12円24銭、小麦は1期4円29銭、1カ月約9円となる。

当時、米麦は政府買い上げである。年間1万2000俵の保管料が確実に農協に入ってくることになり、融資金は2年足らずで返済することができた。

就職してわずか1年3カ月後に農業倉庫が建設できたのは、小久保の働きと伝習場で学んだことが大きかった。この農業倉庫建設に対して59（昭34）年に、食糧庁から優良倉庫として表彰された。

倉庫建設が農協経営に寄与することが明らかになると、伊草、出丸、八ツ保、中山の各農協も倉原式土蔵倉庫を建設し、小見野村農協は予冷を考えて鉄筋コンクリート倉庫にした。

それから2年後、小久保は次の農業倉庫を提案する。今度の総建設費は422万円で、国の借入金優遇制度を利用した。建坪60坪の石倉倉庫で、収納力は米麦合せて年間1万2000俵となる。61（昭36）年8月8日に竣工し、記念の銅板には販売主任として小久保も名を連ねている。

当時の1俵当たり保管料は、米が1俵当たり1期6円97銭、小麦が同4円81銭だった。

この完成によって、3年前の倉原式改良土蔵倉庫の年間1万2000俵、前からあった30坪の同6000俵と合わせて年間3万俵を収納・保管できる倉庫が整備されたことになる。

三保谷村農協が扱っていた米麦収穫量は4万俵以上だったが、全部を1年間保管することはないから、農家から借り上げていた蔵を借りなくてすむようになった。経費削減だけでなく、保管料収入を得られることになった。

農業倉庫ができる前は、農家の蔵を借り上げ、出荷のトラックが入れないという不便さもあったが、農業倉庫の建設はそれを解消するものともなった。同時に農協経営の健全化が図られ、その向上に大きく貢献することとなった。

4万俵の検査と倉庫搬入

米麦を詰める俵は、農家が冬に稲藁を編んで次の年のものをつくった。籾がこぼれ出てしまわないように2枚重ねの複式である。

51（昭26）年施行の計量法で「精米・精麦は重量が基本」とされ、精米・精麦の1俵は60キロに決められた。1俵60キロというのは、いまの人には重いが、当時は1人が担いで運ぶことができ、米の出荷・保管・輸送に便利だった。

米麦を詰める俵は不正を防ぐため厳しく検査し、4月から6月にかけて農協が行った。風袋検査といって5・5キロの空俵を吊り秤で1枚1枚計り、合格した俵しか使えない。その数は集荷数量の4万枚を超える。

農家は、検査に合格した俵に脱穀して籾すりした玄米を詰め込み、荷車や牛車で倉庫に運び込む。それを農協職員が棒秤に1俵ずつ計量検査する。

品質検査は米俵に米刺を突き刺して行う。米刺は竹製（その後ステンレス）で、俵に突き刺しやすいように先端が斜めに切られている。

品質検査が済むと、農協職員が倉庫に積み上げるのだが、このときは農家の人にも手伝ってもらった。「農家のみなさんといっしょに」という小久保の姿勢に、農家の人が快く手伝ってくれたのだ。

俵は縄で絞ってあり、一番端の一の符に、俵を担ぐための小型の手鎌のような道具でひっかけ、俵を縦にして担ぐ。

倉庫の高さいっぱい、つまり天井に届くまで20段以上積み上げるので、桟橋という板のはしごをかけて上ることになる。1俵66キロもある。それと体重が加算されるから、厚い板もしなる。しなりのリズムに合わせて上るのがコツだ。その後、俵から紙袋に変わると軽くなって担ぎやすくなり、労働的にはずい分と軽減されたが、9月1日から10日までは500円、11日から20日までは300円の早期出荷米奨励金が付くので、農家はこぞって運び込んでくる。

倉庫の収納作業は12月頃まで続き、11月ともなれば朝晩の寒さは厳しい。倉庫のそばに火を焚いて頑張った。農家の苦労を思うと、寒い、手がかじかむなどと言ってはいられなかった。

朝の8時には東上倉庫や川越倉庫、武州倉庫などに運び入れる出荷トラックが来る。集荷の多い時には朝の4時半頃まで倉庫に運び込んだ。

当時、トラックは役場に1台しかなく、役場のトラックが使われたと問題になったこともあった。

配合有機肥料をつくる

その頃、倉庫にはカマスと呼ばれる大きな袋に入った窒素、リン酸、カリの各肥料がうずたかく積み上げられていた。１袋に30キロは入っている。どうしても新しく入荷した肥料から売るので、しだいに古い肥料が残り、在庫が増えていってしまう。在庫期間が長くなると、カマスに傷みが出てきて、荷崩れ状態になる。売ることができればいいのだが、売るに売れない状態だった。農協としても経営を圧迫する要因になっており、在庫処理が課題となっていた。

当時、農協にはときどき圧縮した大豆粕、魚粕（ニシンなど）などの配給があった。

小久保は、この大豆粕や魚粕と、倉庫にある窒素、リン酸、カリの各肥料と混ぜ合わせて配合有機肥料にすることを考えたのだが、農協に作業する職員がいなかった。

青年団に手伝ってもらうことを思い立ち、小久保安次組合長にその旨の了承を得て、青年団の小島由之団長に相談した。小久保は副団長だった。

２人は、同級生ということもあって気が合い、運動会などいろいろな活動を行ったが、青年団としての活動資金不足が悩みだった。

「農協の配合肥料づくりの仕事を手伝ってもらい、その謝金を青年団の活動資金に充てたらどうだろう」。小島団長に提案すると、「われわれも使うときには配合する」と大賛成である。ほとんどの団員が農作業をしているからだ。

窒素リン酸カリと大豆粕や魚粕を混ぜ合わせる場所は、農業倉庫の下屋だった。広さが50坪（約１６５平方メートル）と広く、コンクリートだから、混ぜ合わせ作業が可能だった。

窒素リン酸カリと大豆粕や魚粕を混ぜ合わせた配合肥料を、農業改良普及員に調べてもらうと、配合有機肥料としての検査基準はすべて合格だった。

農協は組合員から予約をとり、小久保がオート三輪を運転して配達した。運転免許は小久保しか持っていなかったからだ。

青年団がつくった配合有機肥料は、農家からの評判が大変よく、飛ぶように売れた。

農協の経営健全化に寄与するとともに、青年団としても資金不足を補うことができた。肥料づくりに参加した団員には、ささやかだが小遣いにもなった。

「みんなが喜んでくれる仕事ができ、農協にも貢献できた仕事のひとつとして、忘れられない」と、若き日の仲間を思って懐かしそうに語る。

小久保が手掛けた倉庫建設は、配合有機肥料をつくるうえでも大きな役割を果たしたのである。

6カ村の農協が合併、川島村農協設立

就職して1年後、「再建を任せる」と期待されていた小久保に、販売主任という話が持ち上がった。

ところが、未成年の販売主任は認められないという理由から、理事会では「20歳まで待つべきだ」という声があった。

販売主任に昇進したのは59（昭34）年4月1日、5月30日に満20歳を迎えるからだ。

3月には浦和実業専門学校を卒業し、2年間、昼間は農協職員、夜は学校と、自分でもよく頑張ったという気持

ちであった。午後4時の早退を認めてくれていた組合長をはじめ、農協に恩返しをしなければと思い、人一倍働こうと決意も新たにした。

この年の4月10日に皇太子のご成婚があり、日本中が祝賀ムードに包まれた。翌年には池田首相が「国民所得倍増計画」を打ち出し、その後57カ月も続く「いざなぎ景気」となり、経済規模は2倍に拡大した。

61（昭36）年4月1日、農協経営の健全化を図る農協合併促進法が施行された。能率的で適正な事業経営ができる農協を育成し、協同組合組織の健全な発展を実現するために合併支援を促進するというものであった。規模の拡大による発展を目指したのである。

合併は原則として市町村単位とされ、63（昭38）年1月1日に三保谷（小久保安次組合長）、中山（利根川茂文組合長）、伊草（本澤政雄組合長）、出丸（吉田三郎組合長）、八ツ保（矢部顕一組合長）、小見野（清水鉄三組合長）の6農協が合併して「川島村農業協同組合」となった。初代組合長は中山村農協の利根川茂文氏が選ばれた。専務理事には、旧八ツ保農協で実質組合長と言われ、経営実務にも精通していた稲原守治専務が就任した。

すでに役場は合併して川島村役場となり、旧六カ村の中心になっていた。川島村農協は旧三保谷村役場を仮事務所として一部業務を行っていたが、川島村農協としてはどこに本所を置くかが最大の課題であった。決定までには時間がかかったが、本所は川島村の中央に位置するところが良いだろうと、村の中央を南北に走る川越―鴻巣県道脇に建設することに決定した。

地権者は、旧三保谷農協組合長であった小久保理事の集落である組合員と旧八ツ保農協稲原専務の集落である組合員であった。

1967年（昭42）年3月に完成した川島村農協本所。
その後、川島町農協本店、埼玉中央農協川島基幹支店となる

当時は農産物増産時代、庭先までが畑として野菜を栽培し、農地は宝であった。稲原専務理事と小久保支所長（理事）、は必死に土地買収に努めるが、遅々として進まなかった。

４月に職員の人事異動が行われ、小久保は23歳だったが、経済課係長という重責を担うことになった。役職に就いたことで、稲原専務から「小久保も地権者がいる集落だろう。小久保支所長（理事）の指示を得ながら協力するように」との指示を受けた。土地買収という難題を担うことになったが、地権者は若い小久保には本音を話してくれた。その内容を小久保理事に報告、契約にまとめていただいた。

ところが、どうしても売却に応じない人がいた。売却してしまうと土地がなくなってしまい、生活ができないというのが理由であった。補償条件が何なのか、金なのか本人の生活なのか。話をよく聞くと、本人の生活を補償、それには農協職員にしてくれとのことで

あった。地権者の年齢は43、44歳、年齢的に職員は無理と話したが、そこを何とかしてほしいと懇願された。稲原専務も小久保と同意見で、職員に採用することは無理ということであった。

残った地権者はあと一人、何とかならないのか。小久保は思案をめぐらし、知恵を絞った。その時に考えついたのが、ボイラー管理士だった。農協の本所は温水暖房で、ボイラー使用は必須だ。地権者にボイラー管理士資格取得を勧め、稲原専務には取得後にボイラー管理士として採用してくれるようお願いすると話した。協力することを約束する。地権者は熟慮し、資格取得に取り組むことを決意した。

職員の中には誰もボイラー管理の資格を持っていなかった。資格がなければボイラーを使用できない。「職員は無理だが、取得できれば考えよう」と稲原専務。小久保はこの時、さすがに専務だという思いがした。

地権者はそこまで考えてくれたのなら協力しようということになり、売買契約を締結できた。65（昭40）年7月に本所建設用の敷地取得が完了し、2年後の67（昭42）年3月に川島村農協の本所が完成した。建物は四隅以外に柱がなく、当時としては斬新なデザインで多くの見学者が訪れた。建設は大阪の鴻池組、ボイラーの取り扱いは最後の地権者が担当することになった。

旧村の各事務所は川島村農協支所と位置付けられ、合併を機に農協経営の安定化と経営基盤の確立が図られるようになり、合併は農家、農協の経済発展に寄与した。

【イチゴ栽培】

東松山まで自転車で運ぶ

農業倉庫建設の融資には「園芸と畜産の振興」という付帯事業があった。小久保はまず、イチゴ栽培に取り組んだ。三保谷では、すでに品川孝雄氏や小森谷博氏ら何人かがイチゴ栽培を行っていた。

「イチゴは冬場の青果物として将来が見込め、農家にとっては現金収入となる」と考えていた小久保が、品川氏にイチゴ栽培の普及を相談し、品川氏も「ぜひ、普及させましょう」と快諾された。

さらに品川氏に「イチゴ栽培を普及させるために栽培組織をつくって組合長になっていただき、組合出荷を進めてほしい」とお願いした。将来性が見込めるイチゴを三保谷の特産品に育てることを目指したのである。

当時、イチゴは露地栽培である。60（昭35）年度の川島の作付面積は0・9ヘクタール、1戸平均2～3アールと少なかった。栽培面積が少ないうえに、夜なべしてつくった木箱に竹ベラを使ってイチゴを25粒ほど詰める出荷に手間がかかることなどから、増産はなかなか進まなかった。

それでも生産者は、「イチゴを特産品にしたい」という思いで一所懸命だった。

この頃の生産者は〝7人衆〟と呼ばれた品川孝雄、小森谷博、鈴木発雄、小島和夫、小久保光雄、野沢保高、倉浪庫吉の各氏が熱心だった。

小久保は出荷作業を手伝い、農協のオート三輪で東松山にある武蔵貨物まで運んだ。東松山までは十数キロの砂利道。到着すると、木箱にきれいに詰めたイチゴがばらばらになり、売り物にならないものもあった。

そこで小久保は大きな風呂敷にイチゴを詰めた木箱を何箱も包み、それを背負って自転車で東松山まで持って行くことにした。木箱に詰めたイチゴがばらばらにならないように細心の注意を払って自転車を漕いだ。何キロもの荷を背負い、十数キロの砂利道を漕ぐ。東松山に着くと疲れが顔に出ている。

その姿を毎日見ていた武蔵貨物の担当者がある日、小久保に言った。

「東松山まで来るのは大変だろうから、八ツ保農協の前に持ってきてくれれば運んでやる」

当時、大宮―東松山間にバス便があり、八ツ保農協前がバス停だった。

小久保の苦労に手をさしのべてくれたのだった。「こんなにうれしかったことはなかった」一所懸命していれば、協力してくれる人がいるということを知った。

神田市場で一世を風靡

６農協が合併して川島村農協になったが、旧八ツ保村農協では職員の神田儀平氏もイチゴ栽培に熱心に取り組んでいた。合併と同時に小久保は川島村農協経済係長、神田氏も営農指導員となり、２人は川島のイチゴ栽培の普及に努めた。三保谷苺出荷組合長は品川孝雄氏から小島和夫氏になった。

東京オリンピックがあった64（昭39）年、イチゴの出荷箱が木箱から段ボール箱になり、１パック５００グラムの４パック入り２キロで出荷するようになった。

翌年には作付面積が55ヘクタールになり、66（昭41）年にハウス栽培が採り入れられると、神田儀平氏の熱心な活動と、鈴木発雄、木村一郎、石黒堯、梶野重次郎、鈴木威亨、深谷市郎、松本昭朔、志村孝、倉浪庫吉、岡部正吉氏ら各氏の努力で生産振興がはかられた。

この頃になると、東京・神田Ⓐ市場では「川島のいちご」が一世を風靡し、価格もキロ当たり３４４円、比企郡一の高値となった。ちなみに埼玉県産は３０９円だった。

生産者の鈴木発雄、石黒堯、小島和夫、木村一郎、梶野重次郎、鈴木威亨、倉浪庫吉、深谷市郎、志村孝、松本昭朔ら各氏は、神田Ⓐ市場で名の通った人となった。

農協肥料「苺特号」の優位性を実証

イチゴは、米麦とちがって等級検査があるわけではなかったが、商品価値は市場と消費者の評価にゆだねられており、規格、品質、重量などの検査が重要視されていた。市場で高い商品力を持つようにするには、品質が良く、均一でなければならなかった。

イチゴは、肥料によって光沢（色）・甘さ・日もちが違ってくる。高品質なイチゴを生産するには良い肥料が重要となる。農協はその肥料に、農協肥料「苺特号」を奨めていた。魚粕、大豆粕、牡蛎ガラなどが入った有機質１００％である。肥料としての評価は高かったが、当時としては高い肥料だった。１袋１４００円、１５００円したと記憶している。

一方、川島に大東肥料が進出し、同じく有機質１００％の肥料を大々的に売り出した。価格的にも安く、次第に購入する農家が増えていった。

肥料がイチゴの品質に影響することを知っていた小久保は、農協肥料の「苺特号」と大東肥料を比較検証することにした。ハウス栽培農家に肥料を3年間無償提供し、農業改良普及所で両方の生育結果を調べてもらった。その結果、「苺特号」を使ったイチゴは光沢・日もち・甘みのいずれの点でも優位性が確認された。

いまでも県下のイチゴ栽培農家は農協肥料「苺特号」を使っており、小久保のイチゴ栽培における貢献度は大きなものとなった。

輸送の窮地を救う

イチゴの生産量が増えるようになると、今度は運送料金が課題になった。当初は地元の東松山武蔵貨物、長島運送、小森谷運送が1箱40円で請け負っていたが、1箱50円をもらわないとやっていけない、という声が出始めた。値上げの理由は出荷の問題であった。

その頃、出荷所は9カ所もあった。夕方から荷積みを始め、9カ所を回れば9時、10時までかかる。野菜専門の運送会社ではないので、荷積み、荷降ろし、荷崩れ防止にかける手間は大変な作業だった。それから東京の市場を何カ所か回って戻ってくると、朝になってしまう。

出荷組合は勝田運送、西谷敷運送、西多摩運送と、運送会社を次々に変えたりして、運送料金を1箱40円以下に抑えることに苦心していた。イチゴの生産振興は輸送問題がカギだ。これが解決できなければ生産の発展につながらない。

こう考えた小久保は1箱40円を維持できる運送会社はないか、比企郡内にとどまらず入間郡内まで調べたが、野菜を専門とする運送会社はみつからなかった。農家が困っていることがあれば、その解決に全力で当たる。これが小久保の農協運動における活動原理である。

小久保は三保谷支所長となってつながりができた県経済連（埼玉県経済農業協同組合連合会）川越事業所にも野菜専門の運送会社の紹介を依頼した。川越の近隣農協では、馬場運送（馬場昭光社長）が引き受けており、早速、同社を訪ねた。

「イチゴ農家にとって、運送問題が最大の課題です。相談にのってもらえますか」

「うちでできることであれば……」

出荷所が9カ所あることなど出荷状況について説明し、運送価格の話になった。

「料金は、社長が考えられる最善の価格にしていただけますか」

「量にもよりますが……」

小久保は運送料金を決める立場ではないが、「1梱包100円（5箱入り）あたりで頑張ってもらえるなら、苺出荷組合長と協議する場を設けてもいいのですが……」

「もし、お願いできるのであれば、話し合いの場を設けていただけますか」

馬場社長の意向を石黒堯組合長に伝え、組合長と梶野重次郎副組合長、出荷組合の鈴木威亨氏と、馬場社長が協議することになった。その結果、２００円で値上げを要求されていたものが、１梱包１２０円に決まった。もちろん、その席に小久保は出席しなかった。「小久保さんの目の黒いうちは、絶対に値上げしません」。馬場社長はその真義をずっと守った。

馬場運送による輸送が始まると、野菜と違ってイチゴはきっちりと荷台に積み込むことができ、多くの量を取り扱うことができた。農家の栽培意欲がさらに高まり、専業に切り替える農家も出現した。最盛期には川島全体で６７０戸が栽培するほどになった。

イチゴは赤い〝宝石〟と呼ばれ、1日10万円を超える現金収入がある農家も珍しくなく、「イチゴ御殿」を建てる農家も増えてきた。

74（昭49）年には系統出荷額5億円を達成、6億円を記録する年もあるほど成長した。もちろん、「川島のいちご」は神田Ⓐ市場で最高の評価を得ていた。

生産農家を救った青ナンバー取得

ところが、川越市にある馬場運送は、農協をはじめ出荷組合の仕事も請け負い、大きく発展していたが、トラック（貨物自動車）は白ナンバーだった。そのため川越地区トラック協会とは軋轢が生じており、運送業から撤退せざるをえないという話があった。

川島町農協管内では、比企郡のトラック協会からの問題はなかったので、馬場社長に「川島のことは少し待ってくれ」と要望した。そして小久保は、猪鼻精一組合長に報告し、対応策をお願いした。「農協としての対応が迫られる問題だ。熟慮して、課長が早急に対応策を出すように」との指示を受けた。小久保は経済課長であった。

これまで数社と取引はあったが、戻すわけにはいかない。どこが運送を引き受けてくれるのか。川島町の特産品であるイチゴは東京神田市場で一番高い評価を得ており、量的にも多い。これは川島のイチゴ産地としての存亡にかかわることだ。

どう対応したら良いか、夜も眠れない日が続いていたある日、突然、妙案が浮かんだ。

「そうだ、馬場運送のトラックを川島町農協の所有権にして、青ナンバーを取得すれば……」

猪鼻組合長に相談すると、「それが出来るのであれば、あとは課長にまかせる」。当時、青ナンバーの取得は難しく、陸運事務所に足繁く通うも取得の了解が得られなかった。

これが最後と覚悟を決めた小久保は、「農家組合員の生産物を農協が運ぶことができないとはどのような根拠ですか」と聞くと、担当者の答えがない。

「青ナンバーを取得しても農協が営業することはありません。イチゴ、野菜が出荷できればそれでいいのです。限定車の青ナンバーで結構です、農家を救ってください」と懇願した。

数日後、陸運事務所から許可するとの連絡が入り、念願の青ナンバーを取得することができた。いまでも「よくやった」という猪鼻組合長の言葉と、馬場社長の喜びの顔を忘れることができない。

「小久保さんの目が黒いうちは絶対に値上げしません」。馬場社長はその信義をずっと守っている。

「川島のいちご」は神田Ⓐ市場で最高値をつけ、高い評価を得ると同時に、〝赤い宝石〟と呼ばれ、１日10万円を超える現金収入がある農家も珍しくなく、「イチゴ御殿」を建てる農家も増えた。

イチゴの一元集荷多元販売

１９７６年（昭和51）年に経済課長に就任、再び小久保はイチゴ販売の改革に取り組んだ。

前述したように川島町農協のイチゴ栽培は79（昭54）年・80（昭55）年に最盛期をむかえ、生産者は川島全体で６７０人、１万６１７７アールとなった。価格はキロ当たり６８８円、粗生産額16億５０００万円、埼玉県一の生産地となる。比企郡一の高値で、神田Ⓐ市場でも最高値だった。

市場の人気を優占していた「川島のいちご」だが、生産の現場では集出荷所が９カ所と多く、支所単位の集出荷態勢にすべきだという声が高まってきた。いわば集出荷所の集約化で、小久保はその整備に取り組んだのである。

集出荷所の開設は、79（昭54）年度が三保谷支所（新農業構造改善事業）、81（昭56）年度が小見野支所（野菜集団産地育成事業）、82（昭57）年度が八ツ保支所（野菜主産地総合整備事業）、83（平58）年度が出丸支所（野菜産地供給整備対策事業）で、出丸支所には出荷するために山東小松菜、ホウレン草などの予冷施設も整備した。

これらの施設建設では、伝習場の後輩で、東松山農林事務所普及課長の下地浩氏の協力、指導があり、整備することができた。集出荷態勢が整うと、小久保は82（昭57）年に「一元共販」を開始した。

この頃になると、イチゴ栽培は県下に広がり、全国的にも急速に拡大し、市場によって商品格差が生まれてきた。

すなわち、イチゴの規格、熟度、品質などによる商品性である。

その対応策が求められるようになると、小久保は「一元集荷多元販売方式」を構想する。具体的には、イチゴの集出荷所を川島1カ所に集約し、そこから多元的に販売する。そのことによって「川島のいちご」の市場評価を高め、価格向上を図る、という考えだ。

つまり毎日の市場価格を見て価格の高い市場には多く、安い市場には少なく出荷して販売量を確保し、「川島のいちご」のキロ単価の向上に努めるというものである。

これを実現することで、「輸送の合理化はもちろん、イチゴの規格や熟度の統一がはかられ、さらに川島のいちごの評価が高まる」と、小久保は描いたのである。

「一元集荷多元販売方式」について笠井寿組合長に説明し、その実現にむけて了承を得ると、小久保は当時のいちご組合連合会会長の石黒堯氏に相談した。85（昭60）年である。

「私としては、集出荷の時間や量、品質の問題が次の対策と考えていますが、石黒さん、どうでしょうか、力を貸していただけないでしょうか」

「小久保さんがいわれる一元集荷多元販売は、私もその通りだと考えています。これまで集出荷所をなんとかして欲しいとお願いしてきたが、資金的に余裕がなく、無理だと断られてきました。いまこそ実現する時期が来ていると思っています」

石黒会長も小久保と同じ考えを持っていたので、「各出荷組合と話し合いをして、ぜひ、進めましょう」と、経済課長としてお願いした。

こうして石黒会長を中心に出荷組合の地区役員との間で座談会（話し合い）が開かれ、ときには小久保も出席した。

「川島1カ所に集約することは分かるが、遠いところは片道3キロを超えるところもあり、出荷にかかる距離、時間も大変だ」

「組合ごとの荷のばらつき（色ツヤ、熟度などの品質の差）はどうするのか」

それぞれの出荷組合の思惑もあり、思うように話し合いが進まなかった。

「各組合が合意したら、集出荷施設ができるのか」

「カントリーエレベーター（穀類乾燥調製貯蔵施設、後述）と併せた補助事業として施設ができるようにすれば……」

小久保が話すと、一挙に解決の方向に進み、87（昭62）年には合意を得ることができた。

あとは施設の建設を待つだけとなった。

この年の川島いちご組合連合会総会で、石黒堯組合長が「これで私の思いはすべて実現することができた。ここで退任したい」と退任の胸のうちを明らかにした。

全員が続投を望んだが、石黒会長の意志は固く、惜しまれながら退任した。

石黒氏はイチゴの運送料金では馬場運送と協議して解決したり、一元集荷多元販売に向けた道筋をつけるなど、「川島のいちご」に多大な功績を残された。後任には松本昭朔氏が選ばれた。

一元集荷多元販売の集出荷所となる川島町農協中央野菜出荷所は、石黒氏が退任した翌年5月に完成した。

品種「ダナー」から始まったイチゴ栽培は、いまは「女峰」「とちおとめ」が主流である。主な生産地は川島町、吉見町、久喜市、菖蒲町、加須市大利根地区などで、イチゴは2013(平25)年産産出額で全国10位の51億円に達している。(「2015 元気いっぱい埼玉ブランド農産物」による)

ハウス栽培と施設園芸組合

ところで、ハウス栽培による園芸作物の振興に取り組んでいたのは、三保谷中学校同級生の三澤禎男氏だった。埼玉大学を卒業すると農業に専念し、4Hクラブに入った。

三澤氏は、会議ではよく「水田地帯であるから米作に頼ることも必要だが、野菜も重要だ。水田地帯ということで野菜づくりは難しいだろうが、むしろそこにこそ新たな希望がわいてくる。それにはハウス栽培だと思う」と、これからの農業について熱弁をふるっていた。その実現に努力し、施設園芸(キュウリ、トマト)を主体としたハウス栽培経営に取り組んでいた。

施設園芸は、すでに吉原地区の矢内駿次、鈴木善作、鈴木治作、町田茂蔵、小高義男の各氏らが「吉原園芸組合」を設立し、矢内氏が組合長となってキュウリのハウス栽培を始めていた。

ところが、63(昭38)年1月に6農協が大同団結して川島村農協が設立されると、県下でもっとも早く営農指導員制度を導入し、その営農指導員を矢内駿次吉原園芸組合長に要請したので、同組合は必然的に閉設となった。

そこで三澤禎男氏は新たな園芸組合の設立を仲間に呼びかけて組合設立に取り組み、組合長に就任する。その後

第22回埼玉国体（1967年開催）の聖火リレーで走った川島村農協
（前列左から3人目が笠井寿参事、4人目が稲原守治専務、中列左から4人目が小久保）

の組合長は原田裕、木村一男、高橋英生、矢内駿次吉原園芸組合長の長男である矢内力、津田正、友光照夫の各氏が引き継ぎ、施設園芸の振興に取り組んだ。

高橋英生氏はその後、川島町施設園芸組合長、埼玉中央農協理事経済委員長として農業振興に努力され、活躍されている。

また、歴代の施設園芸組合長は、町の農業委員、土地改良区理事、農協直売所の会長などを務め、川島町の農業振興に尽力、貢献されている。

【養豚事業】

県内有数の産地に

畜産振興では養豚に力を入れた。豚の飼育経営は「子取り経営」「肥育経営」「一貫経営」の３つに分けられるが、飼育しやすい点が魅力だった。

子取り経営は繁殖豚（雌豚）を飼育して妊娠させ、子豚を取り上げ、市場に出荷する。肥育経営は子豚を市場で買い、肥育し、食用として出荷する。これらを一貫して行うのが一貫経営である。

三保谷村農協では預託家畜事業制度を活用した子取り経営が多かった。なかでも猪鼻寿一氏は、進取の精神で農業に取り組む好青年で、外国産ランドレースの子取り経営に力を入れた。猪鼻家は古くから「地主様」と呼ばれ、農地改革で耕作地は少なくなっていたが、寿一氏の父親である精一氏はその後川島町農協の組合長になった。

米麦、養蚕を営む大きな農家である川島運永氏も、全国的に普及し始めていたヨークシャー種の子取りを始め、養豚経営にも目を向けていた。82（昭57）年に子豚1000頭販売で県経済連の出井治人会長から表彰された。町会議員にもなり、とくに農業振興に貢献した。

そのほか吉野慈男、吉野福治、井上一男、伊原昭一、武笠義雄ら各氏が始め、しだいに管内の養豚農家が増えていった。

当時の子豚の価格は約30キロで2～3万円、時には4万円になった。出荷には養豚農家が車を出し合って、県経済連運営の武蔵家畜市場に出荷していた。

農協が出荷を受け持つようになったのは、川島村農協が設立され、経済課の中に畜産担当部署が設置されてからである。馬橋茂係長、飯島清係長、鈴木進係長が畜産事業の拡大に精力的に取り組み、子豚の飼育農家が増えていった。

その後、飯島氏は埼玉中央農協の参事となり、定年後は理事となり農協経営に力を注いだ。鈴木氏は支店長、課長を務め、定年退職後は町会議員に当選、行政でも活躍した。

３人の係長の貢献もあって、やがて川島は養豚の子取り経営の産地化が進み、武蔵家畜市場でも1、2を争うようになった。

川島が県内でも有数の養豚産地となったのは、三保谷村農協がルーツといっても過言ではない。

【ビール麦栽培】

栽培の始まり

終戦後10年ほどは押麦に白米を混ぜた麦ごはんが一般的だった。三保谷村農協管内でも大麦、小麦、はだか麦の「3麦」が裏作として栽培されていた。

その後、高度経済成長や食生活の変化から、麦の需要が減少すると減産となった。とくに大麦は、ホコリや穂毛、痒みに見舞われ、農家からは敬遠された。はだか麦も収穫量は多くなく、当然、麦の作付けは減り、収穫量も少なくなっていく。

こうしたところに、酒に代わってビールの普及促進に力を入れていたサントリービールの小島基男氏が、三保谷村農協に訪ねてきた。

この頃は、ビール麦は輸入する時代ではなく、国内で栽培する時代だった。小島氏の来訪はその普及促進であった。

「3麦」の現状を把握していた小久保は、小島氏の話をきいてビール麦栽培に関心をもった。農協役員（監事）を務めていた白井沼田中地区の小久保健太郎氏を訪ね、ビール麦栽培について相談した。健太郎氏は人望があり、農業に熱心だったからである。

「これから日本も豊かになり、かならずビールの消費量が増えていきます。ビール麦は収量もあり、価格も良く、農家の経営安定に寄与します。振興を図ってくださいませんか」

まだ20代前半の若造の話を健太郎氏は真剣に聞いてくれた。

「よく理解できました。仲間を募り、しっかりとした組織をつくりましょう」

健太郎氏は大いに共感され、ビール麦栽培の組織づくりを快く引き受けてくれた。そして「耕作組合ができたら組合長をお願いしたい」とも頼み込んだ。

こうしてビール麦栽培が始まると、健太郎氏はビール麦栽培に熱心に取り組んだ。農家から信頼されていることもあって、2、3年もすると小麦に続く作付面積となり、三保谷は数年にしてビール麦の大産地に発展した。

健太郎氏の尽力で耕作組合も設立され、サントリーでも収穫量の確保と作付けなどの研修を名目に、毎年、組合員を、その頃できた東京・平和島温泉の日帰り旅行に招待した。組合員にはこの研修旅行がなによりの楽しみとなった。

健太郎氏の指導と貢献があり、麦の作付けは「3麦」から、またたく間に小麦、ビール麦となった。川島のほか

三保谷ビール大麦生産組合員とサントリービール川崎工場を見学
（前列左が小久保健太郎組合長、1961年11月）

の農協も同じような状況だった。

健太郎氏は、長くビール大麦生産組合の組合長として尽力された。

すべてサントリーが買い取る

ビール麦は米価に次ぐ価格だったので、裏作に切り替える農家が増えていったが、作付面積が増えるにしたがってビール会社は1等麦のみを買い入れるようになり、残りは大粒大麦（2等麦）扱いになった。

ビール麦は米麦と同じように食糧庁の検査員が検査する。ビール麦として不合格になると、必然的に政府買い上げの大粒大麦となり、価格的にも安くなった。

こうなると、生産農家は大きな打撃をこうむる。地形的に高低差がほとんどなく、田の水はけに恵まれない三保谷のビール麦栽培は、雨が降ると根腐れすることが多かった。

しかもビール麦栽培の歴史が浅く、生産農家には生産技術が確立されていない。せめて栽培技術が確立されるまで、ビール会社には大粒大麦でもビール麦として買い入れてもらいたい。

小久保はサントリーの小島氏に相談することにした。

「大粒大麦になった場合でもビール麦価格で買い取ってくれないか」

「話はよく分かった。三保谷の大粒大麦は、すべて会社で買い取ろう」

こうしてビール麦として不合格となったものも、政府買い入れの大粒大麦より高く買い取ってくれることになった。

小島氏と小久保は同い年である。「小久保はすごい奴だ」と言っていた小島氏だが、小久保も初対面の時から、小島氏を剛毅で胆力のある男とみていた。この二人だからこそ、成就できた交渉だった。

川島地区の5農協（中山、伊草、出丸、八ツ保、小見野）はキリン、アサヒだったが、そのうち「大粒大麦について、何とかならないか」という声があり、小久保は「一存ではきめられない。相談してみる」と小島氏に相談することを約束した。

小島氏に相談すると、「三保谷村農協を窓口にして大粒大麦として取り扱おう」ということになり、たいへん喜ばれたことはいうまでもない。

その後、6農協が合併して川島村農協となると、ビール麦はそれぞれのビール会社の扱いになり、大粒大麦は政府買い上げとなった。

川島はサントリーから、たいへんな恩恵を受けたことを忘れてはならない。その陰には小島基男氏と小久保という二人の男がいたのである。

「ビール麦栽培は小島さんが訪ねて来られてから始まり、自分として足跡を残すことができた。小島さんには感謝のひと言だが、元気でおられたら、ぜひ会いたい」

小久保は半世紀前の男との出会いをたびたび思い出している。

【結婚、そして共済事業】

川越琴平神社の神様の話

６カ村の農協が合併して川島村農協となり、小久保は三保谷支所長に昇進することになったが、その前に「結婚」という条件が付いた。

仕事に打ち込むには家庭を持ちたいと考えていたから、反対する理由はなかった。相手がいたわけではなかったが、嫁を迎えるために家を新築することにした。

その暮れのある晩、鳶頭の宇津木仙吉さんが来た。代金の請求かと思ったが、嫁をもらうための新築を知っていた宇津木さんは、「オレが働いている土建屋の隣に鈴木玲子さんがいるが、どうかね」という話だった。

鈴木家は旧中山村で「十万石」という屋号で知られていた旧家だった。玲子は7人兄弟姉妹の四女、美人で評判だった。何人も結婚相手を紹介されたが、断っていたという。「辰巳の方角に住む人で、同い年」という川越琴平神社の神様がいわれたことを信じていたからだ。

宇津木さんから小久保のことを聞いた玲子は「琴平神社の神様が言っていた人とぴったり」と思った。玲子は小久保より半年ほど年下の11月14日生まれである。明けて1月21日には見合いの運びとなり、その席に玲子はいなり寿司を出した。自分の分を食べ終えた小久保は、玲子の父親が食べていないのを見て、「食べていいですか」と2人分を平らげた。「見合いの席で食べる奴は見どころがある、出来る男だ」と言っていたという。玲子は中学を終えると川越星野技芸学園に進学した。母親を早く亡くし、父親は集落の仕事に忙しく、農作業をする時間がない。姉たちは結婚しており、家事も農作業も玲子の仕事となった。

この頃の農家の娘たちは都会に出て、結婚相手にサラリーマンを選ぶ人が多くなっていた。玲子はなにか取り残されたような気がしていた。

1965年3月30日に結婚した妻の玲子（実家前）

「どうして私が百姓をしなければならないんだろう。いつか川島を動かすような人と結婚したい」

玲子は大きな気持ちを持ち続けながら、家事と農作業をしていたのである。

2人は東京オリンピックが開催された翌65（昭40）年3月30日に結婚した。4人の姉妹のうち農家に嫁いだのは玲子ひとりだった。

「いつか川島を動かすような人と結婚したい」という玲子は、その後、夫の背中を優しく押し続けた。小久保の人生は玲子の存在なくしては語れないものになっていく。

一日3軒の農家訪問

結婚した翌年、小久保は26歳で川島村農協三保谷支所長になった。「農業のため、農家のため、農協のため」の一念で仕事に取り組んだ。

どんな仕事でも労を惜しまず、まず現場に出向く。そこで農家の生の声を聞き、問題や困っていることに耳を傾けた。

「仕事は一人ではできない」と考えていた小久保は、たとえばイチゴ、ビール麦、そのほかの野菜生産でも、推進している農家を中心にした生産部会を立ち上げ、栽培指導から肥料のやり方、出荷などを検討してもらい、普及推進する仕組みをつくった。

国家資格である普及指導員のような働きをしたのである。そのため事務所で仕事を終えてから、組合員の家を一日3軒回ってから帰宅することにした。昼間は農作業で田畑に出ている。組合員の生の声が聞けるのは夜しかないからだ。

妻の玲子は毎日、弁当を作ってくれ、結婚の喜びを感じていた小久保だったが、帰りに組合員の家を回ると、帰宅は毎夜9時、10時になる。しかも農作業には日曜も休日もない。365日、農家のために働いた。

小久保の活動範囲は三保谷にとどまらなかった。支所長になって2年目、県共済連(埼玉県共済協同組合連合会)からの依頼で、比企郡内の各農協に出向き、共済事業の必要性について講演に行くことが始まった。共済事業に積極的に取り組んでいない農協も少なくなかったからだ。

こうした活動もあり、比企郡内の農協に小久保の名が高まっていった。

保有高100億円達成と「億友会」の提案

埼玉県で農協共済事業が本格的に始まったのは55(昭30)年、埼玉県農業協同組合共済事業推進委員会が設置されてからである。

農業経済の安定と農協活動の長期的な資金確保のために始まった共済事業だが、当初は生命共済と建物更生共済が中心であった。

その後、養老生命共済、年金共済、子弟の教育費や結婚費用、独立資金を支援する子ども共済、自動車共済と、時代の変化に対応した商品を開発していった。

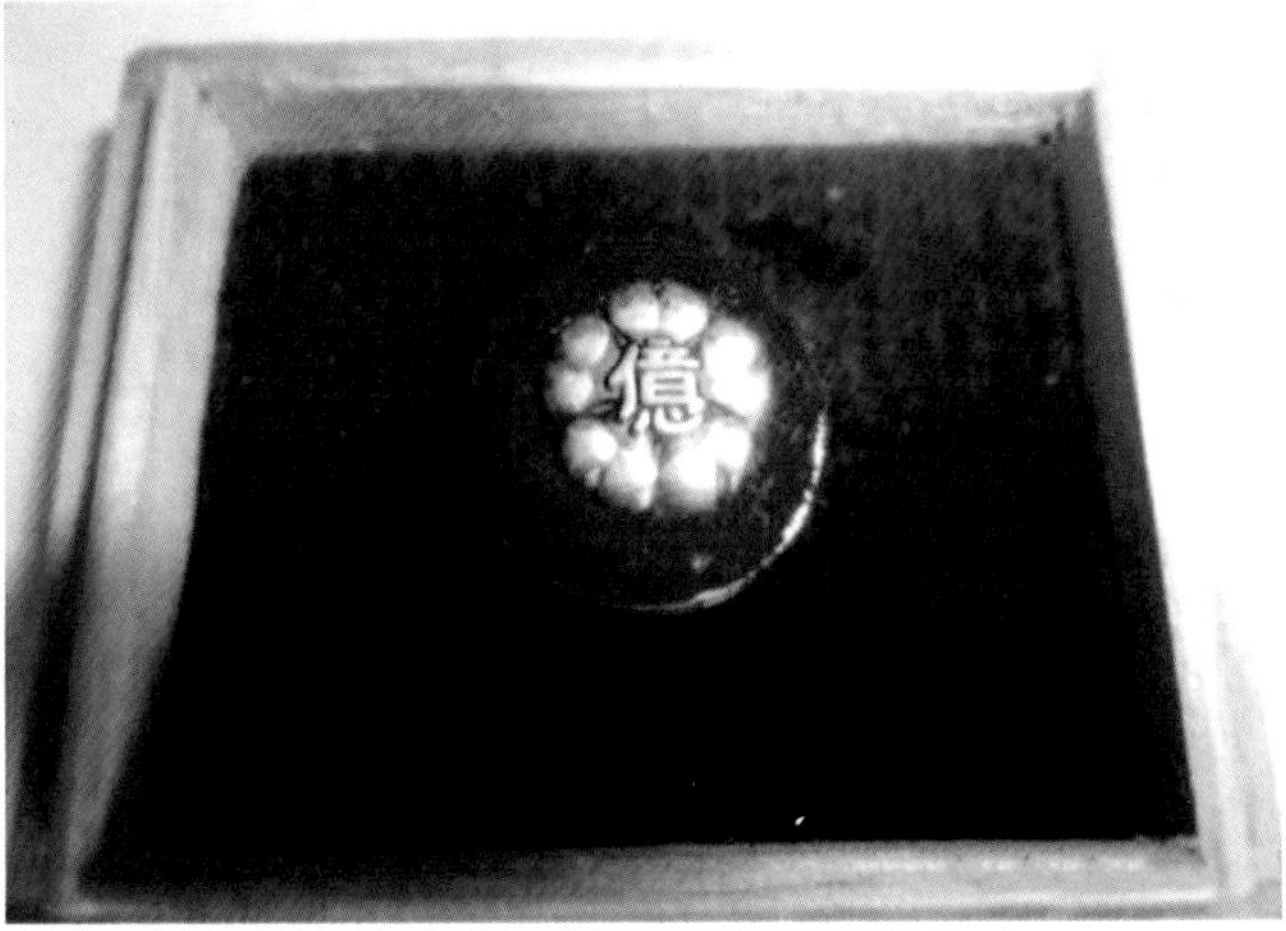

契約総額1億円達成した組合員に贈呈した「億友会」のバッジ

「共済事業は農家が安心して暮らせる生活基盤事業」と考えていた小久保は、普及促進に力を入れ、一日3軒の農家の訪問でも1軒は「共済」の話をした。

「明日、職員をうかがわせますから、そのときはよろしくお願いします」

小久保は自分の手柄にせず、部下の成績にした。こうした地道な努力が実って73（昭48）年には共済保有高100億円を達成、小久保の働きが一助となった。

後日の話だが、「小久保さんが言っていた年金共済の話は、その頃は考えられなかったが、言っていた通りになった。いまになってありがたみを実感している。ありがたいことだ」と、組合員から感謝されている。

共済事業を発展させるために、小久保は県共済連に「契約総額1億円に達した組合員には金バッジの贈呈」を進言した。

金バッジを桐の箱に入れ、農協支所長が組合長の挨拶文を持って「おめでとうございます」と届ける。組合員には「誇り」となり、「友が友を呼ぶように1億円達成者が増える」と考えたのである。

このアイデアは県共済連で取り上げられることになり、バッチのデザインの相談を受けた。県花のサクラソウをモチーフに、真ん中には「億」という文字をおき、金バッジのまわりは布製の座布団で囲む議員バッジ風にしたらどうか、と提案した。

小久保の提案はこれだけにとどまらなかった。金バッジを獲得した人をメンバーとする「億友会」の発足も発案した。設立の目的はメンバーの力を借りて仲間を広げようというものだ。いろいろな催しに招待することによって仲間づくりを積極的に展開し、共済事業を発展させるという構想だった。

こうした小久保の発案・提案があって共済事業の輪が広がっていった。

第3章　わが心石にあらず

最初の4輪トラクター（佐藤造機）に乗る父静一と、孫の長男和徳、長女浩美
（1970年11月）

【農機具対策】

農機具の在庫を一掃

川島村農協は1971（昭46）年4月に事業課を新設し、31歳の小久保が初代課長に任命された。農機具、自動車、プロパンガス、ガソリンスタンドの4部門を管轄し、これから成長が期待できる重要な課である。

各部門の担当係長は、自動車が石川千尋、農機具が前原将男、のちに栗原明男、燃料が畑野芳男、留守を預かる事務が椎橋美千代の各氏で、総勢18人、小久保より年上が12人もいた。

当時の組合長は矢部顕一氏。県議会議員であり、県共済連（埼玉県共済農業協同組合連合会）専務理事などの要職を務め、実質的な組合長は稲原守治専務理事だった。

稲原専務理事からは「新しく農機具を仕入れてはならない。農機具センターの農機具処分に全力であたるように」と厳命された。

農機具処分というのは、事業課が新設された前年の70（昭45）年、農協の主力農業機械メーカーである佐藤造機が倒産し、農協の農機具センターにはコンバインバインダートラクターが在庫の山となっていた。隣接地にも下取りのテーラー耕耘機、トラクター、コンバインなどが山積みであった。

在庫のコンバインバインダートラクターを販売し、下取りの農機具を整備・修理して処分することが、小久保の最大の任務となった。与えられた任務をどうしたら達成できるか思案にくれたが、自らセールスにチャレンジすることにした。

農機具の担当者は伝習場の後輩である栗原明男氏である。６年前から担当しており、農機具に関する整備・修理は申し分のない腕前で、仕事も早かった。またセールスでも抜群の力を発揮し、頼れる後輩だった。

「これからは農機具が普及し、農作業が機械化される。その対応を目的に事業課を新設したものと思う。栗原君、力を貸してほしい」と頼み込んだ。

下取りした農機具は栗原係長が修理・整備し、終ったものを小久保と2人で販売する。「在庫を早く処理しなければ、今後の農協経営に大きな負担となってくる」というのが2人の認識で、夜になるのを待って農家を訪ね、セールス活動を展開した。

各支所にも販売推進運動の協力を要請したが、農機具普及率全国一を誇っていた川島村農協では、中古品の販売見通しは暗かった。

伝習場のネットワークで何とかならないかと考えをめぐらし、農機具の普及率が低いのは山間部、秩父郡ということを思い出した。両神村には伝習場時代に仲が良かった島田安久氏がいる。

「売ってやるけど、あとの責任は持ってくれ」

「もちろんだ」

伝習場で同じ釜の飯を食った友情と信頼の絆がしっかりと結ばれ、テーラー耕耘機はもちろん、トラクターまで販売してくれた。

島田氏はその後、「源作印」で有名な秩父ワインの社長にまで成長し、地域の活性化に貢献したが、若くして亡くなった。「残念な人を失ってしまった」と、いまでも惜しんでいる。

下取りの農機具のなかには取り扱いが難しいディーゼルエンジンの小型トラクターがあったが、これはタイに進出する会社の友人にバイヤーの紹介を頼んだ。バイヤーが来て、整備して使用できるものは現金で引き取ってくれた。取引を続けるような話もあったが、1年で終わらせた。

この年、埼玉県農協大会において総合農協事業優績組合表彰を受賞し、翌72（昭47）年には農協法公布25周年記念大会・総合農協事業優績組合として表彰された。

同年11月、川島村は町制を施行し、農協の名称も翌年1月1日に「川島町農業協同組合」となった。

井関農機の全農取引秘話

佐藤造機のコンバインバインダートラクターの在庫整理にも目途がたち、小久保は稲原守治専務理事に次の農機具メーカーについて相談した。

全農（全国農業協同組合連合会）は佐藤造機倒産後、ヤンマー農機との取引を始めていた。

「これからはコンバイントラクターの時代になる。田植機は井関農機、トラクターはクボタ農機が良い」と、小久保は自分の意見を率直に話した。

稲原専務は「倒産したとはいえ、佐藤造機の機械が普及しているので新規の販売は難しいと思う。2社は商系だが、農協で取引ができるというのであればいいだろう。ただし、系統メーカーも忘れるな」という考えだった。

「系統」というのは、全農の系統利用のことであり、ほかを「商系」と呼ぶ。

系統と商系に分ける農協の経済行為を商系排除と思われがちだが、そうではない。系統は、市場によって価格が乱されることによって生じる経済的不安定から、農家を守るものである。

その頃、井関農機は日本で最初に自走自脱型コンバインを開発し、田植機「さなえ」、コンバイン「太郎」を売り出して人気だった。

その井関農機が埼玉に進出、鴻巣に埼玉井関農機販売を設立した。「うちのお客様は商系なので、販売はできない」と断られてしまったが、「何とか取引を」と思い、半年を超えるお願いに通った。

そのうちに同社は春日部と桶川にある会社が大株主であることを知り、株主の社長と交渉することにした。訪問してみると、意外にもクボタの卸会社でもあった。クボタと井関2社を取り扱うという条件が出されたが、異存があるはずがない。

「渡りに舟」ということは、こういうことをいうのか。商系メーカー2社と取引を始めることができるようになった。井関農機の川島農協担当者は川添親光氏で、普及促進はもちろん修理なども手伝ってくれた。

「希望した機械の取引だ、販売実績を上げよう」

農機具担当の栗原係長をはじめ各支所長や職員が協力して販売に力を入れたことで、73（昭48）年度には田植機「さなえ」の予約を１８０台も取ることができた。

予約価格は18万５０００円、事業課は３３３０万円の売り上げとなった。井関の農機具を販売する会社のなかでトップになるほどだった。

この年の暮れにオイルショックが起こり、「さなえ」の価格が36万5000円と倍近くになった。これでは農家に大きな負担となってしまう。

小久保は愛媛県松山市にある井関農機の本社工場に行き、「予約価格での販売」を交渉した。こういうときの行動は迅速だ。小久保の交渉があって予約価格で全量販売することができ、県下の農協では川島町農協だけだった、と記憶している。

また、他の農協でもクボタ、井関農機を必要としていたが、商系の取引メーカーで、農協での取引実現は不可能であった。そこで小久保はクボタ、井関と話し合い、川島町農協から他の希望する農協に販売することは出来ないものかとお願いする。しかし良い返事はもらえなかったが、小久保は「会社も店を出して間もないので成果を出すことも必要、川島農協と一体となって成果を上げるべきでしょう」と申し上げて来た。

さらに埼玉県下の全部の農協が必要で、何とかならないかと言っているわけではない。問題になるようなことはすべきではない。そこまでやることも考えていない。このように申し上げて、会社の了承を得ることが出来た。近隣の農協では大変喜んでくれた。

そのうちに埼玉県経済連（埼玉県経済農業協同組合連合会）からもクボタ、井関の農機具の販売を要望され、川島町農協から納入し、県下の組合員の要望に応えられるまで努力した。

こうしたことがあり、のちに商系だったクボタ、井関の農機具が農協でも販売できるようになり、小久保の評価を高めることになった。73（昭48）年度には川島町が農機具普及率日本一となった。

その後、小久保は年に何回か、井関農機の本社工場や熊本工場に招かれ、農業現場の声として意見を求められた。

いまではコンバインの運転席は前方が当たり前になっているが、当時は胴長で後ろにあった。小久保は「下の株元が見えるようにしたほうがいい」という意見を述べていた。

エンジンも特殊なハイブルーでなく、「どこでも使える軽油にしたら」と提案を続けた。そのほかにもモデルチェンジのたびにいろいろアドバイスした。

農家が使いやすく、より良いものになるのであれば、系統商系にこだわらず、協力を惜しまなかった。

全農は、いまでは井関やクボタと取引しているが、その途を切り拓いたのは川島町農協、ひいては小久保の功績といえる。

農機専任職員協議会の立ち上げ

農作業の動力が牛馬からテーラー、コンバイントラクターと機械化が普及していくと、農業機械の技術職員の技能が課題となった。

技術指導については、ヤンマー、井関、クボタ、佐藤造機（倒産後は三菱農機）など主な農機具メーカーの技術者と、農協の技術担当職員が対応していたが、農業機械の技術的進歩や普及がはやく、農協の技術者教育に遅れが出始めていた。

小久保は、技術職員に技術の研鑽に努めるよう指導するとともに、それまでメーカーの作業着を着ていた職員の服を、技術者専門職としての意識を醸成するために、技術職員用の制服に切り替えた。

この技術担当職員の技量的格差は農協間にも生じていた。技術担当職員の技術の向上と統一には各農協と協議することが必要と考えていた小久保のところに、県経済連の機械燃料部の澤本晃部長から、「専任職員技術者協議会」の設立について相談をうけた。東松山の澤本氏とは親しく、小久保も同じ考えだったので、話はすぐにまとまった。

澤本氏に埼玉県農機専任職員協議会の発起人会設立を頼み、協議会を設立することができた。小久保は同協議会会長に就き、農業機械に対応した技術の向上と統一の確立を、積極的に推進した。

こうした活動に対して全国農業協同組合連合会（全農）も注目し、東京以北をエリアとする全農東京支所管内関東東北甲信越地区協議会を設立した。発案者の小久保に同協議会会長にという声があったが、辞退した。「まだ30代」というのが、小久保の理由だった。

全農としても、会長には農業機械の導入数が多く、年齢的にも50歳代という秋田県本荘市農協の佐藤所長を望んでいるようだった。佐藤所長を会長に、小久保は副会長として尽力することにした。この時の全農農機部長は井上泰徳氏だった。

川島町農協の一課長である小久保の名が埼玉県、全農に知られることになったことはいうまでもない。

【オイルショックに立ち向かう】

田植箱10万箱購入

川島町農協は73（昭48）年の5月に県下の農協に先立って総代制度が認可され、6月の役員改選では矢部顕一組合長が退任、専務理事だった稲原守治氏が3代組合長に就任した。

この年の暮れ、いわゆる第一次オイルショックが起こった。10月に第四次中東戦争が勃発するとペルシャ湾沿岸6カ国は原油価格の引き上げを宣言し、アラブ石油輸出機構（ＯＡＰＥＣ）は原油の生産制限とアラブ敵対国への供給制限を決定した。

原油の輸入が制限されると、田植機「さなえ」のプラスチック製田植箱が不足する。足りないからといって、どんな箱でもいいというわけではない。どこの製品が良いか、小久保は各メーカーの田植箱を買い集めた。田植箱を使うのは初夏、ある程度の耐熱性が求められる。自弁で5万円を出して暖房機を購入し、帰宅後、何箱にも土を入れ加熱試験をした。箱が二つになって折れるもの、柔らかくなってしまうもの、落とせば割れてしまうものなど、さまざまだった。

そのなかで1社だけいい田植箱があった。狭山にある三洋工業製だった。

「うちはメーカーだから、直接売るわけにはいかない。しかも農協だ」

言下に断られてしまった。問屋か商社が決まっていたためだった。

小久保は足繁く通い、売ってくれるまで訪問するつもりだった。何十回訪ねたことだろう、社長の対応が徐々に変わってきた。

「何万箱注文すれば、作ってくれますか」

社長の表情に変化がみられた。ここが押しどころだ。

「1000や2000ではない。10万箱、即現金で支払う」

「間違いないか」

「農協にうそはない」

「分かった」

田植箱は1反当たり20～25箱必要である。1軒当たりの平均耕作面積を1町2反とすると300箱である。井関の田植機「さなえ」の予約は180台だから、最大でも数万箱で済むことになる。

「10万個、現金払い」を約束した小久保は33歳、一介の事業課長がその場で決めてしまった。それを思うと、帰りの足取りは重かった。

田植箱の収納は八ツ保の古い倉庫と決め、稲原守治組合長に報告した。

「なんということだ、10万箱も買って、売れ残ったらどうする」

「自分が判断してやったことなので、必ず売ります。残ったら、私が責任を取ります」と言って了承を得た。

どのようなときでも責任をもって仕事をした。誰に何を言われても説明できるように取り組んだ。

大型トラックに積み込まれた田植箱が八ツ保の倉庫に搬入されることになった。メーカーでは全品そのまま納品できると思ったにちがいないが、小久保は倉庫入り口で全品を計量検査した。

１梱包は田植箱10箱である。１梱包6キロなければ良品ではない。１万梱包を2台の台秤ですべて計ると、6キロに満たないものが2割を超えていた。すでに石油製品は品不足で粗悪なものが出回っていたのだ。重量不足はすべて持ち帰ってもらい、再納入させた。

田植箱の予約価格は1箱250円だったが、使う時期になると500円を超えていた。予約の5万箱は250円、残りの5万箱は組合員や近隣農協に300円で販売した。仕入れた10万箱をすべて売り、この収益だけでその年の利益をはじき出した。

この田植箱はいまでも使われるほどの良品だった。その裏には小久保の耐熱試験、搬入チェックという努力があった。

農協の使命を考える

組合員の燃料全般をあずかる事業課としては、オイルショックは深刻な事態となった。ガソリンを発注すれば、翌日にはスタンドに給油されたものが、1日延び2日延び、しだいに組合員の要望通りに販売することが難しくなってきた。

政府は、大口需要に対して供給削減や、ガソリンスタンドの日曜休業など石油緊急対策を実施した。スーパーなどからはトイレットペーパーが買い占められて消え、ほとんどの商品が軒並み値上がりするなど、国民生活はパニック状態になった。

小久保は、ガソリンや灯油価格をチェックする一方、今後どのような事態が起こるか分からない、万全の対策を早急に立てなければならない、と考えた。

まず組合員の年間農協利用状況を把握することにした。事業課の全員が徹夜して、集落ごとにガソリン、軽油、灯油の利用者名簿を作成、不測の事態が起こったときに対応できるようにした。

そのうちに注文しても入ってこなくなった。朝、出勤すると、ポリタンクをもった人がガソリンスタンドに並んで待っている。ほかのスタンドでは利用していなかったお客様には売らないという。

「組合員だ、どうして売ってくれないのか」

ふだん農協の給油所を利用していない組合員でも詰め寄ってくるだろう。

「利用していなかった人まで売ったら足りなくなる、無理だ」という意見もある。農協として判断しかねたが、できるだけ多くの人に分けることが農協の使命である。

確保できる石油量から推計して、農協を利用している人は1回20リットル、利用していない人は10リットルに決めた。

スタンドのスタッフには、「かならず迷惑をかけないようにしますから、我慢してもらいたいと頭を下げ、次は農協を利用してください」と言うように指導した。困っているときに助けられたという気持ちは、忘れないものだからである。

このときの川島町農協の燃料の確保では、他の農協より優遇され、余裕があった。小久保が前述の県経済連機械燃料部の県農機専任職員協議会会長という立場にあったからである。

ドラム缶300本確保

同じようなことが、農機具の200リットル入り燃料用ドラム缶でも起こった。

ドラム缶は1本1000円ぐらいだったが、1万円に跳ね上がっていた。在庫がなくなったので1本1万円で買いあさったが、それで対応できるような事態ではなくなった。

どこのスタンドに行っても買えなくなれば「農協になんとか用意してくれ」という要望が出てくるに違いない。つねに先を予測し、万全な対応がとれるようにしておく小久保であったが、ドラム缶の確保は難しかった。

いろいろ考えをめぐらしていると、「そうだ、石油元売り会社のドラム缶清掃工場にはあるはずだ」とひらめいた。

調べてみると、上尾に内山工業という会社があった。早速出向いてみると、ドラム缶が何千本と山積みにされている。同社はドラム缶を洗浄し、きれいに塗装しなおして元売りに納入していた。

価格は10倍に跳ね上がり、しかも同社は「系統」ではない。譲ってくれるはずがないと分かっていても、「そこをなんとか、お願いできませんか」と社長に頼み込んだ。

もちろん言下に断られたが、小久保の交渉はここからが始まりだ。

毎朝、内山工業に出かけ、社長の出勤を待って懇願した。そんな日が何日か続いたある日、決意を込めて、社長に宣言した。

「返事をいただけるまで、お願いに参ります」

「君の努力には負けた。その根性が気に入った」

小久保の粘り強い努力に、社長が根負けしたのである。

「いくらほしいのか」

「300本」

「わかった。しかし、どこにも話しては困る。信用問題だからな」

自分の信用問題にも関わりかねないことまで賭けて、小久保の努力に応えてくれたのである。「涙が出るほどうれしかった。いまでも当時のことは忘れない」

しかも価格は3000円、市況の半額以下で販売することができた。組合員から大変感謝されたが、小久保は「社長がいたからこそできた」と感謝の思いを胸に深く刻んだ。

それもつかの間、刈り取りの秋を迎えると、今度はコンバイントラクターの油が問題となった。

人のあたたかさに涙

コンバイントラクターの一部には「ハイブルー」という油を使用する機種があった。軽油とガソリンを混合したような特殊な油で、青い色をしていることから、この名で呼ばれていた。

油が豊富なときには農協スタンドでも供給できたが、オイルショックになると、まったく入荷しない状態が続いた。

ハイブルーを多く扱っているのは丸善石油（後のコスモ石油）だった。ドラム缶でお世話になった内山工業は丸善石油を専門にしていた。

「油まではどうか」とは思ったが、ハイブルーを確保しなければならない。藁をもすがる思いで訪ねることにした。

「今度はなにかね。もうドラム缶を譲る余裕はないよ」

「実は、油がなくて機械が動かないんです。社長の顔でハイブルーが手に入らないものか、お願いに来ました。この油がないと、稲刈りができないのです、なんとかなりませんか」

「量だって、ドラム缶1本や2本ではないだろう」

「ローリー1台5キロリットルでもあれば……」

「名前の入ったローリーは農協のスタンドには入れられないな」

社長はつぶやいた。そして、しばらく思案して、

「よし、分かった。無印のローリーでなんとかやってみる」

それから2日後、無印のタンクローリーがハイブルーを調達してスタンドに来た。運ばれてきた油を確かめた小久保は「人のあたたかみに、涙が出るほどうれしかった」

川島町農協は、ハイブルーを不足することなく供給できた。日本中がパニックになったオイルショックでも、川島町農協はすべての燃料を確保し、大きな問題もなく乗り越えることができた。内山工業社長の存在なくして成し得なかったことである。「感謝の思いは生涯忘れない」と小久保は繰り返し語っている。

新設の事業課で期待以上の実績

オイルショックもいつの間にか落ち着き、ガソリン、灯油、軽油も順調に入荷するようになった。事業課職員全員が寝食を忘れて取り組んだ燃料供給の対応が報われ、小久保は安堵した。

その後はガソリンスタンドの売り上げもうなぎのぼりに増え、比企郡の農協スタンドのなかでも1、2位を競う存在となった。川島町にはほかにも多くのスタンドがあったが、農協スタンドは価格も安く、販売量も一番の状況が長く続いた。

充実した車検場も備えていた自動車部門の係長には矢部實氏がなり、技術、セールスともすぐれていた矢部氏の努力もあって販売台数を増やし、期待以上の実績をあげた。

また、高度経済成長期に入り、生活改善のなかで台所のガス化ほど主婦に喜ばれたことはなかった。LPガスは台所や風呂の燃料だけでなく、室の煖房にも普及した。

LPガスを扱うには国家資格が必要で、担当の宇津木正男氏はその資格を取得し、ほかの業者に依頼せず、1件の事故もなく、普及に取り組んだ。その後、燃料係長の畑野芳男氏が所長に昇格すると、ガス事業の信用と基盤を築いた宇津木正男氏は係長になった。

「泥沼に足を踏み込む人間になれ」

新設の事業課だったが、農協事業を支える重要な農機具、自動車、プロパンガス、ガソリンスタンドの各事業すべてでオイルショックを乗り越え、期待以上の実績を上げることができた。職員の頑張りと、小久保の課長としてのリーダーシップが高く評価された。

オイルショックは誰もが経験したことがない、想定外の荒波であったが、それを乗り越えたのである。小久保は３代組合長の稲原守治氏が言った言葉をしみじみとかみしめた。

「泥沼に足を踏み込む人間になれ。みんながやってダメなんだから、ダメでもともと。そこに足を踏み入れて成功したなら、君の足跡になる」

小久保は、この言葉を実践して事業課長の責務をまっとうしたのである。稲原組合長の「泥沼に足を踏み込む」という言葉を、このときほど実感したことはなかった。

【責任重大な経済課長となる】

改めて農協の目的を考える

稲原組合長になり、２度目の人事異動が行われた。76（昭51）年４月、小久保は、だれもが想像もしなかった、経済課長に任命された。経済課長は購買事業、販売事業を統括し、農協事業の３本柱といわれる責任重大な役職である。

思えば農業協同組合は47（昭22）年に農協法が公布され、設立された。戦後の農業振興は日本経済の礎ともなり、経済発展の大きな役割を果たした。地方・国政選挙では農協や農業団体が一致団結し、自由民主党政権の基盤確立の立役者といっても過言ではないと思った。

同時に農業協同組合の目的は何なのか、原点を知ることが大事だ。もう一度調べてみようと考え、農業協同組合法に目を通した。

農協の本来の目的は第1条にうたわれている。「農業者の協同組織の発達を促進することにより、農業生産力の増進及び農業者の経済的社会的地位の向上を図り、もって国民経済の発展に寄与することを目的とする」とある。要約すれば、農業者の所得向上、生活の安定、社会的地位の向上を図ることだと、小久保は考えた。

ところが、65年（昭40）年から71（昭46）年頃になると、米あまり現象が起こり、減反調整が始まる。農業は米麦生産の大きな転換期を迎え始めていた。こうした変化の中で、もっとも農家と直結した事業を担う課長として何をすべきか、小久保は思案の毎日を送った。

小久保は改めて自分の歩んできた道を振り返り、イチゴ栽培について考えてみた。57（昭32）年に三保谷村農業協同組合に就職し、農業倉庫の建設の付帯事業として取り組んだ園芸振興（苺栽培の普及促進）、畜産事業の普及促進があった。養豚事業については、合併した川島村農協になっても普及促進に努めていた。

イチゴ栽培については、川島村農協の合併と同時に農業指導制度を導入した。苺指導者の専任職員を配置した神田儀平氏は良き指導者だった。旧八ツ保農協の職員であった神田氏の指導があり、八ツ保地区では第二の生産組織となった。他の地区もすべて苺栽培に取り組むほど熱心に普及促進が進み、米に次ぐ大きな農業収入源にまで成長した。

しかし、栽培方法が小トンネル栽培だったので、さらに品質の向上、作業の効率化をはかるためにも大型鉄骨ハウスの導入が必要となっていた。

東松山農林事務所の所長と課長

当時の東松山農林事務所の所長は野原利三郎氏で、農業生産振興を担当する経営普及課長は小川文治氏だった。小久保が考えている大型鉄骨ハウスの導入を支援してもらうには、野原所長、小川課長のほかに、この二人にまさる人はいなかった。特に小川課長は小久保が伝習農場で勉強していた時の園芸担当の先生で、農協の経済課長としてもっとも頼りになる課長であった。

小久保は農林事務所に行ったり、自宅でも、これからの農業振興、農協の施設整備などの話し合いの機会をいただいた。大型鉄骨ハウスの実現はもちろん、農協の施設整備としての苺の集出荷施設や野菜の保冷施設などの早期整備の実現など新たな生産体系の推進をはかることを提案、その早期実現をお願いした。

この頃から国（農林省）の農業に対する姿勢が大きく転換してくる。米の生産調整から転作へと変わり始め、農業に対する補助事業、支援が一段と高まってきた。小久保は、農協の施設整備、農家の機械化、他の助成をいただき、新しい農業体系の確立の一助にしたいと考えていたのである。

10件を越えるハウスの団地化

東松山農林事務所経営指導課長へ要望した施設園芸の整備の実現は早かった。第二次新農業構造改善事業の話が出ると、翌年には大型鉄骨ハウス団地の形成の話になった。小久保は出来るものなら実現したい、地区はどこにするか、考えた。

最初にいちご組合が立ち上がり、著しい発展を遂げた所、施設園芸の振興地域として川島の中心地、三保谷地区（三保谷支所）管内を考え、上司と相談の上、了承された。その方向で話を進めることにしたが、思った以上に決断が早く、10件からのハウスの団地化がまとまり、新農業構造改善事業の78（昭53）年度事業として実施することになる。翌年には三保谷苺組合の集出荷施設も完成する。

そして就任早々、畑わさびの栽培者の多いことに気づき、何とかわさび生産組合の結成を考える。

【畑わさび】

農家のために手は引けない

畑わさび農家は70、80軒あったが、1軒の問屋が販売を独占していた。集荷価格も想像以上に安価だったので、農家を思えば、農協として取り扱って協力したい。

そんなときに長野県のわさび問屋を知り、何度か相談すると、「なんとしてもお願いしたい」と強く要望された。

有力なわさび農家に相談し、組合を設立して取引しようということになった。価格的にも以前より大幅に高く、わさび農家は大いに歓迎である。

それからというもの、それまで独占していた問屋の妨害が始まった。小久保が帰宅するまで夜の10時、11時でも黙って待っている。嫌がらせである。

「私は農協の職員で、農家の収入を上げて栽培農家を支援したい」と丁寧に説明しても、これまで利益を独り占めにしてきた問屋は聞く耳をもたない。手を引け、引っ込めの一点張りで、強圧的な言動を繰り返すばかりだ。

「農家のためにに手を引くわけにはいかない」

「お前を消す」

捨てセリフのような脅しまでかけられたが、小久保はひるまなかった。

妻は幼い2人の子どもを抱え、不安におびえている。こうした日が半月ほど続いたが、小久保の揺るぎない信念に問屋も折れた。

長野の問屋はそれまでより倍近い価格で買い入れてくれ、作付面積も広がり、栽培農家は大きな収入源を得て、活況を呈した。

川島町農協が合併30周年を迎えた93（平5）年から数年後、長野の問屋が事業廃止を余儀なくされると、わさび農家もやむなく栽培を打ち切らざるをえなくなった。

小久保の農協運動を育ててくれた稲原守治組合長の書

【信念に命を賭ける】

「わが心石にあらず」と「不撓不屈」

畑わさびの問屋とのたたかいで、小久保は「俺は、俺の信念に命をかける。どんなことでも人のためにやり遂げる。この信念は動かない。わが心石にあらず」という心境であった。

「わが心石にあらず」は、小久保の座右の銘である。『詩経』の「柏舟」にあり、石なら転がして動かすことができるが、自分の心は石ではないから転がせない、ということわざである。確固とした信念を持ち、絶対不動な心が、その意味である。この信念は、小久保の仕事に対する姿勢でもあった。

「君には、その仕事が農協のためになる、成し遂げたいという信念がある。信念がない人は1回で終わるが、君は断られても、断られても稟議書を持ってくる。その信念が君の実績となり、評価を高めているんだよ」と、稲原守治組合長が小久保に語ったことがある。小久保も「稟議書を３回持っていけばハンコを押してくれた」と言っている。

稲原守治組合長は小久保に「将来、君は必ず川島を背負って立つ」と言って期待を寄せ、「不撓不屈」の書を贈っている。小久保の農協運動の育ての親として尊敬している。

【川島町農協の経営基盤】

２人の課長が築く

76（昭51）年４月、小久保は川島町農協経済課長になった。

この頃、農協は変革の時代を迎えていた。変革には旧弊の壁を打ち破る突破力と説得力、それを推進する持続力が欠かせない。「それには小久保しかいない」と稲原守治組合長は36歳の小久保の双肩に託したのである。

小久保の前任者は鈴木甲子男氏で、〝大将〟という異名をもつ、頑固一徹な人だった。「目標はすべて達成した」と豪語するほど川島町農協の経済事業を整備、確立した。誰もが一目置く仕事ぶりで、農協にとってもっとも重要な経済事業の基礎を築いた辣腕課長だった。

鈴木課長は経済課長を９年間務めた後、小久保の仕事ぶり、実績を高く評価し、「俺の後任は小久保」と言って参事になった。

参事も9年間務めた鈴木甲子男氏は、退職後は地区から役員に選任され、農協の発展に尽力、組合長候補の1人でもあったといわれている。

小久保も鈴木課長と同じく経済課長を9年間務めた。

小久保と同時に永島豊氏が共済課長になった。

永島氏はかねてより農協の財務健全化を考えており、のちに管理課長に昇進すると、回転出資金制度の導入に意欲的に取り組んだ。

これからの農協は財務の健全化が大事である。何をするにも組合員から出資金を募らなければならないということでは、いっこうに農協の財務は強化されない。組合員の農協利用に利用配当金を出し、その一部を回転資金口座に振り替え、貯まったら出資金に振り替えて資本を充実させるべきだ。これによって組合員には出資金となり、農協としては財務が強化される。

これが永島豊管理課長の回転出資金制度である。

川島町農協は回転出資金制度を確立したことで、その後、「1郡1農協」の大型合併により埼玉中央農協が設立された際、合併農協のなかで一番の出資金を保有することができたのである。この点でも永島氏の功績はたいへん大きい。その後、参事にまで昇進した。

経済課長ニ羽がらす

小久保が、経済課長になって間もなく、比企郡市農協経済事業課長会の会長に選任され、埼玉県経済農業協同組合連合会（県経済連）の会議にたびたび出席するようになった。

当時の県経済連は会員数189組合、販売事業1028億円、購買事業766億円の約1800億円だった。2000億円が必達目標で、米の生産調整や農畜産物の輸入自由化に対する対応、組合員の暮らしを守るための共同購入の運動拠点の整備・拡充などが重要な課題となっていた。

そのため77（昭52）年を初年度とする「第一次三カ年計画」が策定され、事業の総合的推進を実施していた。事業の策定計画を具体化して推進するのは、各農協の経済課長が中心となる。なかでも比企郡市経済事業課長会会長の小久保、北足立郡大和田農協の新井氏、南埼玉郡菖蒲農協の安野氏の3人は「経済課長三羽がらす」と呼ばれ、県経済連の活動を担う原動力となった。

県経済連の役員からは「3人の意見が一致すれば素晴らしい成果が上がる」と高く評価され、のちに小久保が県経済連を中心に活躍する礎がこの時代に築かれた。

「きょうはお話があります」

経済課長として経済事業を管轄していた小久保は多忙をきわめた。もともと壮健で健康には自信があったが、若さにかまけて寝食を忘れて働いた。知らず知らずのうちに心労がたまり、経済課長になった翌年、急性肝炎で倒れてしまった。

医師から「入院しなければ危ない病気なので、命の保障はできない」といわれたが、責任感の強い小久保は仕事が頭から離れず、自宅療養を選んだ。

枕元に電話機を置き、毎朝連絡をとって指示し、諸課題に対応した。自宅療養したことで、仕事が滞ることはなかった。

1カ月ほどして職場に復帰すると、また休みなく働いた。

そんなある日だった。帰宅した小久保に妻の玲子が言った。

「きょうはお話があります。私とあなたの健康と仕事と、どっちが大事なんですか」

「仕事が大事だ」

玲子特有の言い方であることは分かっていたが、「仕事が大事」と言ったことに心を痛めた。

内心では玲子の言っていることが良く分かっていても、素直になれない、シャイな一面がある。風貌からうける感じと違って、心根はやさしいのである。

小久保が経済課長になった2年後に猪鼻精一氏が組合長になり、木造建築で老朽化が目立っていた各支所の事務所を新築した。

80（昭55）年2月に中山支所、翌年2月に小見野支所、3月に八ツ保支所、82（昭57）年4月に出丸支所、翌83（昭58）年に三保谷支所と、毎年のように木造建築をコンクリート造りに変え、活動拠点を整備した。永島豊管理課長が取り組んだ回転出資金制度によって財務が充実してきたからである。

また、中山と小見野の各支所にＡＴＭ（現金自動受け払い機）が開設され、組合員の利便性も整えられてきた。

葬祭事業の取り扱い

78（昭53）年3月、吉見町農協で県下で初めて葬祭事業がオープンした。川島町と吉見町はともに水田地帯で、農業協同組合事業は同じ形態であり、規模では少し川島町が勝っていた。購買事業では活発な事業展開し、川島町農協と良きライバルであった。

昭和40年、50年頃には今のようなスーパーマーケットやコンビニがなく、店といえば小さな雑貨店や八百屋程度であり、新鮮な魚などはどこにも販売している店がなかった。当時、吉見町農協では移動販売車（トラック）で魚の販売を始め大繁盛し、川島町農協も協力することになった。

川島町農協の鈴木経済課長の号令で管内の支店、広場、神社などで時間を定め巡回販売をして瞬く間に大きな成果を上げ、農家から大変喜ばれた。

吉見町農協では葬祭事業を始めるとともに、この移動販売車を大型化、事業の拡大を目指したが、この大型化が在庫をうみ、経営破綻する。

移動販売事業は撤退するが、葬祭事業は許認可が必要なため継続することとしたようだ。ところが思うように進まず、川島町農協に助けを求めてきた。吉見町農協の組合長は、これまでの組合長と違い、気迫のある、やる気のある中村公之助氏、経済課長は後に吉見町町長となる新井敬三氏であった。

小久保は早速、稲原組合長、鈴木参事に相談すると、葬祭事業はこれからの事業として期待できる、と判断され、支援することの承認を得る。数日後、吉見町農協の新井経済課長が参り、再度打ち合わせして、川島町農協としても葬祭事業を開始することとした。

小久保が経済課長として引き継いだ76（昭51）年頃は、葬祭事業の取り扱い件数も少しずつ増えてきたが、それにともなって会葬御礼の引き出物に苦情が出てきた。

ほかのことは担当の係長がそれぞれの立場で実力を発揮してくれ、何ら心配することはなかったのだが、この引き出物の苦情には頭を悩ませた。

「引き出物の内容が違う」「同じ品物がそろっていない」と、苦情があるたびに小久保は施主に丁寧に頭を下げてきた。

そのたびに葬祭事業の協力を要請されていた吉見町農協に改善を求めたが、引き出物は業者に依頼していることでもあることから、なかなか改まらなかった。

その後に大きな葬儀があり、小久保自ら出向いてお願いすると、「課長にお任せする」ということになった。葬儀は無事終えることができたのだが、2、3日すると、施主から呼び出された。

引き出物を前に「注文した品物と違う」と言われ、「2度と農協とは取引しない」と叱責された。ただただお詫びするほかなかった。

このようなことがいつもあると、川島町農協の信用がなくなり、葬祭事業の成長が見込めなくなる。引き出物を川島町農協独自の取引にすることを考え、小久保は吉見町農協に了承を求めた。

この頃の引き出物は衣料品が多く、ギフトショップ、衣料品卸、デパートなどから、品揃え、信用度、価格などを検討し、81（昭56）年10月に八木橋デパートと取引することに決めた。

担当者は浅見一郎氏で、その後松村郁夫氏、須賀克己氏に代わったが、これ以降35年間、何ら問題がなく、いまでは埼玉中央農協の自宅葬の引き出物を引き受けている。生花は91（平3）年からハタフラワーに変え、順調に発展していった。

また、小久保は比企郡市経済事業課長会会長でもあったので、郡下の各農協に葬祭事業の推進に努めた。吉見町農協の経済課長は、のちに町長となった新井敬三氏だった。

そして、小久保は県経済連理事になってからも入間郡・坂戸市農協（関口延清組合長）、越生町農協（池畑松雄組合長）のほか、鶴ヶ島市農協（中島茂）、毛呂山町農協（小久保一雄）の葬祭事業の普及促進に力を入れた。

こうした葬祭事業に取り組んでいるなかで小久保は「これからは自宅葬からホール葬の時代が来る」と考え、94（平6）年の川島町農協の総代会に、ホール葬が行える建物の建設計画を上程し、建設のための固定資産取得計画として2億5000万円を計上、了承された。

【全国の模範農協へ】

地産地消と直売所開設

小久保が経済課長を務めた時期は、消費者のニーズも多様化し、農協・農家にもその対応が求められていた。「これからは生産者と消費者がより近くなる時代がくる。農協としても対応すべきだ」と考えていた小久保は、82（昭57）、新たに800戸の入居者がある八幡団地の誕生に合わせて、団地入り口、国道254号線の入り口2区画を購入してAコープ店の開設を考え、鈴木参事に相談した。猪鼻精一組合長もすぐ検討するよう指示があり、何としても場所の取得が大事、町の理解も得られ、希望の土地を購入することができた。この頃、町にはコンビニ、スーパーはなく、商店といわれる店がある地度で、町で初めてのスーパーと記憶している。団地のオープンは82（昭57）年暮れだったが、11月には完成、周辺には小売店がないので、生活用品を中心とした品ぞろえで、大変喜ばれた。同店には農産物も置いた。農家が設定した価格で販売し、新鮮な農産物を直接消費者に販売、いわば「地産地消」、農産物直売所の始まりであると、小久保は思っている。初めての取り組みであったが、宇津木正雄店長が尽力し、業績は順調に上がった。

後任店長の松本政雄氏は、肉の捌きがうまく、屠場から買い付けて組合員に精肉を販売していたこともあり、Aコープ八幡店にも取り入れた。

また松本店長は、八木カズ子さんら消費者の声を聞くために懇談会を開くなど、消費者ニーズを重視する店舗経

川島農産物直売所オープン翌年に土屋知事の桊夫人らが来訪（2002年9月）

営を展開した。これが消費地である伊草支所に開設したJAフレッシュショップへとつながった。92（平4）年に開設し、野菜はもちろん、商標登録した「川越藩のお蔵米」を大々的に売り出した。

なおAコープ八幡店は、周辺に金融機関がなかったことから、95（平7）年9月に金融店舗に変わったが、「お蔵米」直売所も併設した。松本氏は農協理事（金融共済委員会委員長）として活躍した。

なお、翌年には文化放送の人気番組「吉田照美と小俣雅子のやる気まんまん」で「荒川を渡ると緑と清流の、川越藩のお蔵米の郷、川島町」で始まる20秒スポットを流すと、大きな反響を呼び、川越、桶川、上尾、大宮、浦和をはじめ東京など県外かも買いに来てくれ、秋を待たずに完売となるほどであった。

こうした地産地消の拠点として、小久保は農産物直売所の開設を構想する。

最初は山口泰正町長時代で、町長の協力で町から譲りうけた給食センター跡地を検討したが、面積的に難しく、断念した。2度目は場所としては申し分なかったが、開発許可が下りず、その後、ふさわしい土地がなかなか見つからなかった。

「3度目の正直」と染矢昭文町長が取り組み、農林部水田対策室の篠原武昭氏（のちに農林部総合研究センター所長）の尽力もあり、２００１（平13）年に現在地に建設することができた。川島農産物直売所がオープンするまで10年ほどかかった。

直売所が開所した翌年の9月19日、土屋知事の栞夫人が婦人部の人たちを伴われ、バス1台を仕立てて来訪した。染矢町長が直売所開設のお礼の挨拶をすると、栞夫人が「小久保さんがおられない」と言われた。小久保も前に出てお礼の挨拶をした。

全国優良農協賞の農協に

小久保が経済課長の頃は、前任の鈴木甲子男経済課長の尽力で肥育牛の産地となり、「川島牛」の名で知られた、県下一の産地を形成していた。

後任となった小久保も北海道に出向いて子牛を買い入れ、貨物車で送り届けることもあった。数十戸の飼育農家のなかには数百頭を肥育する農家もあり、最盛期には飼料が毎日、10トントラックで運ばれてくるほどだった。

しかし肥育には2年ほどかかること、さらに飼料が高くなったり、牛肉の輸入自由化などが重なって、肥育農家の経営が厳しくなった。農協としては肥育農家の未収金が問題になり、経済課長として農家からの憎まれ役も経験した。

また、比企郡のなかで最初に農協観光の窓口を設け、のちに小久保が県経済連代表理事副会長に選任されると、全国農協観光協会の監査役を務めた。

このように米麦、園芸、畜産などの営農事業、燃料や農機具の経済事業はもちろんのこと、共済、金融と、それぞれの事業が健全に伸展していたことから、川島町農協は84（昭59）年3月、農協としては最高の栄誉である全国農業協同組合中央会優良農協賞を受賞した。

農協としての営農・経済事業、共済事業、金融事業の３本柱がバランスよく発展を続けており、農協運動の模範となる農協として評価されたのである。

また、88（昭63）年11月には埼玉県農協大会で総合農協事業優績組合として表彰された。

【金融事業】

貯金２００億円達成

小久保が金融課長に異動したのは85（昭60）年2月、45歳だった。初めて農協職員から選ばれた笠井寿組合長が小久保に言った。

「任期満了までに、どうしても貯金２００億円を達成したい」

任期満了は2年後である。組合長は、小久保がこれまで新しい事業に取り組むと、ことごとくやり遂げ、実績を上げてきたことをよく知っている。それを見込んでの要望だったと思われる。だが、それらは事業課、経済課の仕事で、金融ではない。

「いくら小久保でも、200億円達成は無理だろう」という声が多かった。

たしかに金融の仕事は初めてであったが、浦和実業専門学校で学び、基礎的な知識はある。勉強が嫌いではない小久保は手形、小切手のことから勉強した。ひと通り金融の知識を得てから、貯金獲得に動いた。

これには組合員宅を一日3軒回ってきたことが役立った。家族構成、おおよその資産内容、農協の利用状況などを把握しているからだった。

農家は農作業に忙しいので夜に1軒1軒回り、昼間は地元の主要な企業、工業団地に進出してきた三井精機、東京ガスネットなどに通い続けた。

三井精機には「社員食堂で使っているお米を農協にしてください。代金の支払口座に農協を使ってください。とにかく、農協に口座を開いてください」と通い続け、頼んでいた。

そんなある日、田谷総務部長が社長に会えるように取り計らってくれた。

「社長、少しでもけっこうですから、農協に預金してください」

頭を下げると、社員から、小久保の熱心な仕事ぶりを聞いていた社長は、

「あなたの熱意には本当に感動しました。あなたを信頼しています。何か不都合なことがあったら、何でも言ってきてください」。熱意が信頼を得た。

大手の会社の協力もあって貯金額が大きくなり、また夏と冬のボーナス期、米の販売代金が入る秋には職員全員に個人個人の目標を示し、達成者には表彰するなど総力を結集して貯金獲得運動を展開した。

その結果、笠井寿組合長の任期満了まで3カ月を残し、目標の貯金高２００億円を達成することができた。

脅しにも屈せず

農協の金融事業の業務内容は、ほぼ銀行と同じで、資金の大半を組合員の預金で賄っている。手形を扱い始めてからの話だが、事故にあったことがある。

かつては自動車購入などによく利用されていたマル専手形がある。事故は、そのマル専手形だった。ある会社の手形が、期日に落ちないことがあって注意していたが、新宿の金融ブローカーの手に渡ってしまったのだ。川島町農協は保証金を積んでいたので、支払期日の翌朝10時までに手形交換所に取り崩さないよう連絡すれば、保証金は守られる。

その朝出勤すると、キャデラックに乗った、黒い服を着た2人の男が、農協の事務所に来た。小久保を取り囲んで脅し、手形交換所に連絡させせず、保証金から引き落としさせるのが狙いだ。

組合長と参事には裏口から出てもらい、小久保がひとりで対応することにした。

「お前を消すのは、わけないぞ」

ポケットに手を入れ、何かを出すような構えをみせたときは、さすがに身震いがした。このような状態では手形交換所に連絡できない。10時が過ぎ、手形の金は彼らの手に落ちた。

手形を振り出した社長の奥さんが川島町内にいたので、支所長をその家に走らせ、貸付証書を作成、返済させることにした。返済は滞りなく済み、難を逃れることができた。

迅速に対応できたのは浦和実業専門学校で学んだことが役立った。商業、会計の知識があったからできたことだった。金融課長は1年4カ月務めた。

【参事となる】

年功序列の壁

小久保が副参事兼管理課長に昇進したのは86（昭61）年6月である。管理課長は農協の全事業を統括する重要な役職である。当時は部長職がなく、職員としては参事に次ぐ役職となった。

2年後の88（昭63）年6月には、49歳という若さで参事に昇進した。それまで組合長、専務理事、参事が三役だったが、この年から専務理事職がなくなり、組合長、参事となった。参事は組合長に代わって組織を統括し、職員としてはトップの地位である。

当時の川島町農協は事業課に約20人、経済課、金融課、共済課、管理課にそれぞれ約10人、6支店にそれぞれ約10人、総勢130人前後の職員がおり、小久保はそれを束ねる立場になった。

農協という組織は保守的で、人事は年功序列が当たり前だった。49歳のトップは前例がなかった。19歳で販売主任、23歳で係長、26歳で支所長、31歳で課長と、昇進のたびに「まだ若い」という抵抗にあってきた。「将来、川島を背負って立つ男」と期待され、誰もがその実力を認め、高く評価されていても、年功序列という壁があった。その壁を破れば、他の職員から嫉妬や反発、摩擦を招いたが、小久保は意に介さなかった。

とかく新しいことを始めれば、賛成もあれば反対もある。そこに軋轢、抵抗が起こり、改革を進める人にとっては火の粉となる。小久保はその火の粉を払ってきた。

志や意志が固ければ、相手が権力者でも屈することはない。道義心があれば相手がどんなに偉くても動ずることはない。小久保はそんな思いで仕事に取り組んできた。

そして「責任は取ります」と職も辞さない覚悟で取り組んだ。だから、私利私欲に走ったことは1度もない。これまでやってきた仕事には満足し、誇りさえ持っている。

「仕事は10年先を見ろ」

参事となった小久保が最初に取り組んだのは、職員の意識改革であった。

農協は組合員の出資金で成り立ち、組合員の暮らしをより豊かにするための協同組合である。営農事業でも経済事業でも、農協の仕事はすべて組合員が豊かな暮らしを実現するためにある。

だから、職員には農協運動の原点に立ち、漫然と仕事をこなすのではなく、将来の展望を考えて積極的に取り組む意識の大切さを説いた。

そして、つねづね「10年先を見て仕事をしろ。責任は小久保がとるから、自分の足跡となるように取り組め」と指導した。

農業を取り巻く環境は厳しさを増し、これからは大きく変わらざるを得ない。それには、どんな困難にあっても全力を尽くす。死に物狂いで取り組めば必ず道はひらける、とも言ってきた。

不撓不屈の精神で事に当たれば、その力のおよぶ範囲は想像するより大きいものとなる。不撓不屈は小久保の信念でもあった。全身全霊で仕事に取り組み、その結果として成功をおさめてきた。その自負もあった。

マニフェスト作成

小久保には定年まで10年あり、「農協の仕事を熟知し、農協のため、農家のため、小久保ならやってくれるだろう」という周囲の期待感を、小久保はひしひしと感じていた。

そして心のなかではひそかに「小久保としての経営指針を出してみたい」「小久保としての足跡を残したい」という思いが強くなっていた。

そこで小久保は管理課長時代にまとめていた事業計画を「マニフェスト」にして作成することに決めた。
（一）カントリーエレベーターを核とした稲作一貫体系の確立。

・ライスセンター、精米・製粉・米粉工場の建設。
・資材センター・農機具センターの建設。
・作業の受移託（耕耘・代がき・育苗・田植え・稲刈り・乾燥・籾摺り）他。
（二）イチゴ野菜集出荷場川島　一元集荷多元販売の拠点建設。
（三）堆肥センター。
（四）建設用地の取得（50アール）
（五）自動車民間車検場・ガソリンスタンドの大型化。
（六）米、野菜の直売所の建設。
（七）セレモニーセンター建設。

「マニフェスト」には小久保が手掛けている事業、将来を見据えた事業計画が明確に示されている。「頭はつねに新鮮でなければならない」と肝に銘じ、自分の足跡となるように「マニフェスト」の実現に全力で取り組むことにした。

【川島町農協組合長】

人生最大の決断

参事になって2年目の年末だった。小久保に組合長の話が持ち上がった。

これまで5人が組合長になったが、多くは地元の地主や名士であった。63（昭38）年に就任した初代利根川茂文氏は川島一の地主で、農協設立時には地主代表、村長候補にもなった。69（昭44）年に就任した2代矢部顕一氏は県会議員も務めた。3代稲原守治氏は農協運動ひとすじ、生粋の農業運動家であった。78（昭53）年に就任した4代猪鼻精一氏も三保谷に大邸宅を構える大地主で、財閥といわれた。84（昭59）年5月に5代組合長となった笠井寿氏は古くからの農協職員である。2代と5代を除いて3人はみな地主である。

「小久保に組合長をやってもらおう」というのは、総務委員会の総意だった。

総務委員会は川島町農協の最高意思決定機関で、委員には役員のなかでも古参がなり、発言力は大きかった。委員は6人。川島村農協が合併した際の旧6カ村から1人ずつ選ばれていた。

保守的な農協組織の混乱を避けるという考えから、総務委員会が組合長候補を「調整」し、推薦していた。その総務委員会が「組合長を小久保にしよう」ということになったのである。

総務委員会の総意を聞いた小久保は、33年におよぶ仕事が評価されたことを喜んだ。17歳で農協に就職してから、ひたすら農協のために働いてきた。立身出世のために世辞を弄さず、純粋に仕事一筋だった。

これまでの組合長といえば70歳前後で、いわゆる〝名誉職〟的な面もあったが、小久保はいろいろな事業で結果を出している実績もあり、経験は充分だ。職員トップの参事としてリーダーシップもあり、人望もある。組合長にこれ以上の候補者はいない。総務委員会としては、そう判断したに違いない。

また、これからの時代は変化に対応できる、若くて気力が充実している組合長が求められる。総務委員の全員が小久保でまとまっていた。

ところが、この年に3年に1度の役員改選があり、総務委員の実力者4人が退任すると、空気が変わった。ある総務委員が「小久保はまだ若い。ほかの人はどうか」という発言があると小久保の気持ちが揺れた。

小久保には、自ら求める権力志向はなく、人から推されるタイプである。その職に就けば全力で取り組み、その結果として評価を得てきた。

定年まで10年ある。生活は安定するが、自分の進歩は望めるだろうか。このまま参事を務めて実績を残すというのも、ひとつの生き方だ。

組合長としての夢もあるのではないか。

組合長になれなかったら、新しい仕事に取り組む気力が残っているだろうか。人生最大の決断を迫られたのである。

「ここは曲げちゃだめよ」

総務委員会から組合長候補が出ることになると、小久保は選挙戦に出るべきか、辞退すべきか、逡巡した。

32人いる役員はいろいろ言ってくる。

「負けたら、どうする。土方だぞ、辞めるべきだ」

「参事で、このまま働いた方がいい。10年思い切ってやればいい」

「ここは一歩下がって2期やらせ、その次はあんただ」

「応援する」と言って頼み事を持ち込んでくる人もいた。

「決断した以上、勝負しろ」。最後まで激励し勇気づけてくれたのは、宮前の元町議会議員の鈴木登氏だった。

農協の仕事にかける思いを、誰よりも知っていた妻の玲子は、迷っている小久保の背中を押した。

「まだ、若いじゃないの。元気であればなんとかなるわよ。ここは曲げちゃだめよ」

妻のひと言で小久保の腹は決まった。「天と地があれば、生活を心配することはない」とも言った。妻は、「いつか川島を動かす人と結婚したい」という機会が巡ってきたと思ったのだろうか。

90（平2）年3月、川島町農協を退職し、立候補することに決めた。33年間の農協職員生活であった。5月30日には51歳になる、働き盛りだった。

川島町農協の組合長選で4人が立候補するという大きな選挙は初めてだった。

町会議員まで巻き込む激しい戦いがほぼ2カ月間続いた。小久保は、連日連夜、理事、監事と有力者宅を1軒1

軒訪問し、これからの川島町農協の将来を語り、参事のときに発表した「マニフェスト」を説明した。

三保谷地区の小高登、小森谷清、岡野茂男、鈴木治作の各氏は、激しい選挙戦の先頭にたって必死に応援してくれた。前日まで、小久保圧勝という予想が、結果は小差の勝利だった。しかし、それまでより20歳も若い組合長の誕生だった。

渋谷栄一、荻田善次、松村晃、増田一雄、矢部俊夫、松本章、山口近、綾部治夫、山崎嘉平、安田勝治らの各氏は、投票してくれたり、監事職のため投票権はないが一所懸命に応援してくれた人たちだった。

「選挙応援に1軒1軒回っていただいた方々、小久保を支援し、1票を投じていただいた方々は、私の生みの親で、生涯忘れられない方々です」

いまなお感謝の気持ちを忘れていない。もし選挙戦に破れていれば、その後の小久保はなかったからだ。

翌朝、自宅の座敷2間にjは、お祝いの胡蝶蘭と酒でいっぱいになった。死にもの狂いの戦いに勝った喜びは、男冥利につきる思いだった。

小久保を支えた参事

小久保が川島町農協第6代代表理事組合長に就任したのは90（平2）年5月8日である。

参事には吉川道喜氏を任命した。小久保と同期だが、年齢は上だった。仕事のできる人で、小久保より早く63（昭38）年には伊草支所長になった。ところが1年足らずで大病を患い、1年近く休職したが、意外と早く役付き職員に復帰することができた。真面目な人柄で信用がおけることから参事に任命し、95（平7）年5月まで務めた。

後任の参事には矢部實氏を任命した。矢部氏も課長職のときに健康を害して長期療養したが、復帰に懸命に努力して課長職として復職、職責をまっとうした経緯がある。96（平8）年3月までの10カ月間務めた。

小久保は何ごとにも懸命に取り組み、努力する人を評価する、人情家でもある。

「不信任案を出してくれ」

農協という組織は、営利を目的としないということから、いわゆる公務員のような意識を抱きがちだ。そのため年功序列、上意下達が組織風土となり、職員は毎日を安穏と送ることになる。どうしても保守的な風土を醸成し、組織の硬直化を招いてしまう面がある。

こうした旧態依然とした組織を変革するには、大ナタをふるう必要がある。新風を吹き込まなければ「川島農協が変わった、良くなった」といわれるようにはならない。年功序列にとらわれることなく、信賞必罰、能力のある職員は若くても抜擢することにした。

小久保は、自分の後継者とひそかに決めていた利根川洋治氏を、管理課長に任命したのである。農協の事業を統括する管理課長は、後継者として育てるには適所と考えた。

当時は部長職がなく、課長職は50歳を超える職員が務めていたが、吉川道喜参事に次ぐ管理課長に38歳の利根川氏を抜擢したのである。頭脳明晰、経理面にも明るく、管理課長としては適材と考えた。

ところが、この抜擢人事が想像を超える反発を招いた。年功序列が崩れる、それによって組織に軋轢が生じる、というわけだ。

理事会が終ると、小久保は農協の前にある食堂に何度か呼び出された。「利根川の管理課長を降ろせ。出来なければ、理事会の議案は承認しない」と迫られた。「人事権は組合長にある。誰に何といわれようと応じられない」と拒否した。

小久保はなにも独裁、権力をふるいたいと考えていたわけではない。いわば保守派と改革派のたたかいであった。川島農協を良くしたい一心の人事だ。ここで引き下がったら、組合長としての人事構想が崩れてしまう。不退転の決意でのぞみ、正面突破を図った。

「組合長の不信任案を出してください。そのうえで答えを出したい」

不信任が提出されることはなく、小久保の川島町農協にかける思いが理解され、みんなが協力するようになった。職場に活気が生まれ、職員は仕事に前向きに取り組む姿勢であふれてきた。

「事業は人なり」を実行

職場の雰囲気、職員の意識を変えた小久保は、組合長として10年先を考えた事業方針の確立、実行、後継者づくりが重要な職責と考えた。

小久保が最初に手掛けた事業は民間車検場の建設だったが、組合長の足跡としては管理課長時代にまとめていた事業計画「マニフェスト」の実現を目標にした。

それには職員の仕事にかける意欲がもっとも重要になると考え、小久保は「責任は組合長の私がとるから思い切って仕事してほしい。どの部門にあっても、自分の足跡として誇れる仕事をしてほしい」と激励した。

一方で、職員の意欲、モチベーションを喚起するために、その基礎となる職員の農協（職場）利用を知ることから始めた。職員も組合員の一員、農協の事業活動に貢献するのは当たり前であり、その実態を知ることから始めたのである。

小久保は、職員の購買利用高、金融（貯金）、共済加入額が組合員の平均以上となっているか、農協が取り扱っている燃料（ガソリン、灯油）、プロパンガス、農機具、自動車、車の車検などの利用状況を調べた。

その結果、農協の利用度については、古い職員ほど高かったものの、それほど良いというわけではなかった。なかでも通勤のマイカーを農協から購入している職員が少ないことがわかった。

職員やその家族は農協事業のすべてを利用することが大事と考えた小久保は、厳しい非難を覚悟のうえ、通勤用マイカーの駐車場利用に差をつけることにした。当時、事務所から数百メートル離れた所に田を埋め立てた土地があったが、それを農協以外から購入した通勤用マイカーの駐車場にした。

もちろん、職員のモチベーションを上げる給与の優遇措置も実施した。組合員平均を上回った購買額、貯金額、共済加入額、そして燃料、プロパンガス、農機具、自動車、車検を利用している職員には、品目ごとに2万円の利用手当を夏期・冬期手当に加算して支給することにした。

また、職員には「事業は人なり」、「成せば成る」という考えを徹底し、組合員に購買促進、販売促進に努力するよう啓発した。優秀者には感謝状、表彰状を贈ることにし、信賞必罰主義を周知徹底した。この方針には大きな影響をもたらし、事業の拡大は目を見張るものがあった。

ベースアップについては、毎年、県の審議会答申に基づいて実行していたが、比企郡下8農協の職員給与の状況を調査した。当時の川島町農協の事業は、経済、金融、共済ともにバランスがとれており、特に経済事業では郡下一の実績を誇っていたにもかかわらず、給与は郡下8農協中5番目だったのだ。

職員が郡下で誇りをもてる給与にしなければならないと決意し、職員がやる気のおこる、将来に希望のもてるような職場にしなくてはならない、と小久保は心に誓った。

「利益の3分の1方式」に取り組む

職員が将来に希望が持てる方策として、小久保が打ち出したのは「利益の3分の1」である。「事業で上がる利益の3分の1は組合員に、3分の1は職員に、3分の1は農協の経営資源に配分する。これを確実に取り組む」と宣言した。職員の中には耳を疑う者もいたが、「成果を上げれば必ず実施する」と言明した。

併せて、職員の老後の生活が安定するような方策も考え、調査研究に努めた。全国組織の中に役職員退職共済会という組織があることに気づいた。役職員給与の１０００円当たり１口１００円を特別に積み立てるものだ。つまり給与が10万円ならば、１００口1万円を毎月積み立てられ、積立額の7割は農協、3割は職員が負担する。一般貯金金利よりはるかに高く、利息は無税であった。金利が金利をうみ、大きな資産形成になるものだった。積立金は途中でも使うことができ、また退職時に一時金で受け取っても年金として受け取ることもできる。さらに所得税の対象ではなく、職員の優遇制度でこれ以上はないと、小久保は考えたのである。

職員に対するこれほどの優遇制度がどうして利用されなかったのか。積立金の7割を事業主が負担するため、利用する農協が少なかったのである。利用している農協でも1人何口までと上限を設けていた農協もあった。

さらに調べてみると、個人負担であれば希望通りに積み立てができることがわかり、小久保は利用を強く勧めた。しかし、農協としては一時にこの制度を満たすには巨額の財源が必要となるため、毎年の昇給時に制度の口数（掛け金）を徐々に増やすことに努めた。

事業の拡大とともに給与も上昇し、さらに退職後の積立金も増えた。小久保が組合長に就任してから6年後に合併した埼玉中央農協となった96（平8）年4月には給与は郡下1番になっていた。

埼玉中央農協は8農協の合併だった。各農協の職員給与の平準化が課題となり、旧川島町農協職員の給与は1年も2年も昇級ストップの人が多く、その後も昇級調整が続いた。また、職員の老後の生活安定対策である退職金共済制度も埼玉中央農協では加入限度額（口数）が設定されたと聞く。残念なことである。

埼玉中央農協の誕生は「1郡市1農協」構想による広域合併にともなうもので、小久保が川島町農協組合長になった4年後の94（平6）年に、東松山農協に比企郡市合併対策室が開設され、利根川洋治管理課長を出向させた。

その後任の管理課長には神立貴司氏を抜擢した。重責を懸命に務め、将来を嘱望された優秀な人材だったが、病に倒れ、惜しくも51歳の若さで他界した。悔やんでも悔やみきれない思いだった。

また、小久保は「組合員に感謝しよう」と農協感謝デーを開催し、農産物と農協の取り扱い商品を特別価格で提供し、大変喜ばれた。これは埼玉中央農協にも引き継がれ、いまも続いている。

第4章　転換期への挑戦

川島町農協（現・埼玉中央農協）は 1988 年 3 月にカントリーエレベーターを中核とした稲作一貫体系を完成する。全景（上)、中核施設のカントリーエレベーター（中)、精米工場（下)

【カントリーエレベーター】

「倒産してしまう」

「マニフェスト」の実現は、小久保の川島町農協における最大の功績となり、全国でも有数の農協と評価された理由ともなった。

とくに「カントリーエレベーター（穀類乾燥調製貯蔵施設）を核とした稲作一貫体系の確立」は、ライスセンター、精米・製粉・米粉工場の建設、資材センター、農機具センターの建設、作業の受移託などを備えた営農の一大センターであり、稲作産地の川島町農協が誇る施設となった。

その中核施設となるカントリーエレベーターの建設については、経済課長時代、稲原守治組合長に進言していた。

「5億、10億の金がかかる。これまで貯めた利益余剰金がなくなってしまい、組合が倒産してしまう」と大反対だった。組合長は現在を、小久保は将来を、考えている。

小久保は、「川島の農業は歴史的にも耕作面積からも米づくりが中心で、米づくりをないがしろにしては将来がない。しかし、政府の減反・転作政策が進み、農家が安心して米づくりに取り組めなくなっている。農家が安心して米づくりできる環境を整備するのが農協の役割」という考えを強く持っていた。

その後、組合長には猪鼻精一氏、笠井寿氏が就任し、小久保は2人の組合長にカントリーエレベーターの必要性や採算性、将来展望を詳細に説明した。そして笠井組合長から事業に取り組む了解を得ることができた。

川島町農協作成のパンフレットによると、84（昭59）年9月26日の理事会で米麦共同乾燥施設導入の内部検討を開始、施設建設にむけて開発委員会を設置、翌年3月22日の理事会で土地取得を決め、8月17日にカントリーエレベーターの導入方針を決定した、とある。

カントリーエレベーターの建設は「転作100％」が絶対条件だった。川島町の転作はつねに103％、104％と100％を超えていた。

「1年延期してほしい」

小久保は、カントリーエレベーターの建設に向けて、組合長や農協理事、町会議員、県会議員、地元選出の国会議員の協力を得て、国庫補助金の対象になるよう運動した。

85（昭60）年に坂本純一県農林部長から「昭和六十一年度の事業として認められた」との連絡を受けたが、半年も経つと、今度は「1年延してほしい」という連絡が入った。

「そうですか、残念ですが1年待ちます」と、そのまま引き下がっては組合長や農協理事に説明がつかない。「マニフェスト」の実現を考えていた小久保は、農林部長のもとに出かけて、「私にも手形が欲しい。2つの施設設置を補助金事業に加えて欲しい」と申し入れた。

2つの施設は、一元集荷多元販売を推進する中央野菜集出荷所と、カントリーエレベーターから出る、粉砕された籾殻に鶏糞牛糞などを混ぜてつくる堆肥センター（堆肥盤施設）である。

「ここでは返答できない。後日、またお話しましょう」

カントリーエレベーターは「昭和六十二年度農業生産体質強化総合推進対策事業（高生産性水田農業確立緊急対策事業）穀類乾燥調製貯蔵施設」として87（昭62）年10月2日に着工、翌年3月25日に完成した。同時に中央野菜集出荷所、堆肥センターも完成した。

敷地面積は約1万2600平方メートル、建築面積は建物が約2000平方メートル、サイロ約410平方メートルで、当時、関東一といわれた。

施設として、原料搬入、荷受、貯留、乾燥、精撰、サイロ貯蔵、調整、出荷（袋詰め・フレコン・バラ）の作業ができるほか、サンプリング、自主検査、電算処理、代金支払いなども行うことができる。そのための荷受、貯留、乾燥、貯蔵、精選売渡計量、籾摺、計量出荷、自主検査などの設備機械を備えた。

完成記念碑の除幕式は88（昭63）12月18日に行われることになった。その前日、土屋義彦参議院議員の栞夫人から電話があった。

「カントリーの除幕式、おめでとうございます。ところで、土屋は招待いただけなかったのでしょうか」

「なんとも申し訳ありません。のちほどお詫びを申し上げに参ります」

こう答えるほかなかった。「人生の中で、この時ほど心に突き刺さった、ひと言はなかった」と、いまでも心に残っている。

3年目から配当金

待望のカントリーエレベーターが完成すると、米麦を搬入する車が１００メートル、２００メートルと連なり、夜の10時ごろまで続いた。

採算的にも2年目で黒字になり、3年目からは1キロ22円のうち2円を組合員に配当できるようになった。組合員から感謝されたことが何よりの喜びだった。小久保にはそれで十分であった。

カントリーエレベーターで乾燥調製貯蔵する品種は、コシヒカリ、キヌヒカリ、アサノヒカリの〝ヒカリシリーズ〟に決めた。当時、収量が多いことからムサシコガネの作付面積が多かったが、味わいに少し難点があった。「米どころ川島」として〝ヒカリシリーズ〟にしたのである。

ムサシコガネを栽培している組合員から抵抗はあったが、「おいしい米を作る以外に川島の将来はない」と説明すると納得してくれた。

カントリーエレベーターは、小久保が川島町農協、川島の将来を考えて取り組んだ一大事業だった。県内だけでなく全国からも見学者が訪れ、「米づくりの町川島」は全国にその名が知られるようになり、「米どころ川島町のうまい米づくり」を展開する構想が一歩先に進んだ。

農業振興と山口町長

カントリーエレベーターの完成と同時に、小久保が要望した2つの施設、すなわち、一元集荷多元販売の中核施設となる中央野菜集出荷所と堆肥センターも竣工した。

3つの補助事業が一度に完成するのは初めてのことである。川島町農協の歴史のなかでも特筆されるが、これには山口泰正町長の尽力、農協振興に対する貢献があったことを忘れてはならない。

3施設の建設工事費は、カントリーエレベーターが7億7000万円で、補助金は国が3億1700万円、町が2億円である。中央集出荷所は6017万円で、県が1160万円、町が800万円である。堆肥センターは1404万円で、国が631万円である。

総工費8億4421万円には国が3億2331万円、町が2億800万円、県が1160万円出している。町からの補助金額の大きさからも、山口町長がいかに農業振興に期待を寄せていたか分かる。86（昭61）年11月の町長選で当選した山口町長は、旧中山村の名主で、「ひかげの家」といわれるほど大きな山をもつ名家。妻の玲子の実家と近かった。

山口町長は、温厚実直な人柄で、助役時代から町民の信頼が篤く、父親の圭一郎氏は川島村農協となった53（昭38）年から6年間、農協監事を務めていた。

町長への恩義

「町長の決断がなければ購入できなかった」と、いまでも小久保が山口町長に恩義を感じているのが、農協前にあった町の給食センター跡地（約3000平方メートル）である。

土屋知事（左）に施設園芸について要望する
山口泰正川島町町長（立って挨拶）と小久保（右端）

給食センターは鴻巣県道を挟んで西側にあったが、施設拡充のために移転することになった。農協としてはその跡地の取得を希望したが、すでに他の企業との話が進み、購入は難しい状況だった。

組合長として、山口町長に取得を要望し、町会議員の方々にもお願いした。最終的には山口町長の決断で農協が譲り受けることができたのである。

「川島町の農協運動のなかで、これほど農業を思い、農協を支援してくれた町長は、後にも先にもいなかった」と感謝している。

山口町長のご子息が、衆議院議員の泰明氏である。「山口町長の農業に対する見識をしっかりと受け継ぎ、川島町にはなくてはならない人」という思いで熱心に応援している。

「私は山口町長の豊かな知識と、指導、協力が得られ、大変恵まれた組合長だった」。組合長時代を振り返った小久保の感想である。

【精米・水稲育苗施設】

揺るぎない方針

カントリーエレベーターの稼働が始まったある日、県農林部地域農業振興課農産係長の池田哲二郎氏が見学に訪れた。

小久保とは旧知の間柄である。農業政策に高い見識を持っている池田氏に、「精米工場がないと、農協が米を買い上げても売ることができない。精米工場は、うまい米づくり一貫体系確立に大きな柱となるものです。なんとかできないでしょうか」と相談を持ち掛けた。

池田氏は農業の将来をみることができる人であった。

「小久保さんが目指されていることはよくわかりますが、精米施設に対する補助金はないんです。私も必要だと思っていますので、何とか働いてみましょう。少し時間をください」というのが、そのときの池田氏の返事だった。

当時のことを、池田氏は一文にして小久保に送ってきた。池田氏の思いと小久保の構想を端的に物語っているので、ここに記しておく。

『当時、食糧管理制度が時代に対応できず制度疲労を抱えていました。特に、生産と消費のアンバランスが政府米の売却不振で売れ残っていました。埼玉産米は、政府米の産地で農協系統の販売事業はその対策が緊急の課題であった。川島町は「うまい米作り」運動と地域生産者の米を買い取り、直接消費者に販売したいとの要望が提案された。県農協経済連等は従来どおり米は農協が集荷し、販売先は経済連に委託するよう要請していたので、精米施設整備は反対であった。

小久保さんの強い意志もあり、私は農林部地域農業振興課農産係長として、小久保さんの揺るぎない方針に賛同し、農林水産省の補助金を確保し精米施設の整備に貢献できたと思っています。

この施設整備を通じて川島米を「お蔵米」としてブランド化を確立し、生産者が直接消費者に販売する等、付加価値を確保しつつ生産者所得向上に資することができました。』

池田氏は、小久保の目指す米づくりとその推進への強い意志に賛同し、各方面に説いて回り、精米施設の実現に貢献したのである。

精米施設は90（平2）年に、埼玉うまい米づくり運動推進事業（うまい米づくり条件整備事業）として完成し、農協の米の流通を変える画期的施設となった。

農家は、精米した米を1袋10キロのビニール袋に入れることができ、親戚や知人の贈答品としても喜ばれた。同時に製粉機、米の粉砕機の導入を図り、米粉にして米の餅、小麦は手打ちうどんを食べたいという人に供することも可能になった。また、米を搗くために基本料金の高い動力電力を使うこともなくなり、受益者のメリットも大きかった。

こうして小久保が組合長になって取り組んだ川島産ブランド米「川越藩のお蔵米」を消費者に直接販売できる体

制も確立できた。

拡張工事は3回

カントリーエレベーターを核とする稲作一貫体系の確立には、水稲育苗施設の整備も欠かせない。収支面で反対する意見もあったが、小久保は将来の農業環境の変化を考えると採算的にも成り立つ、と理解を求めた。

その結果、96（平8）年度の経営基盤確立農業構造改善事業として認定され、翌年に工事が始まった。

施設は播種プラント、出芽装置、温度を保つ煖房配管、電気設備が主要な装置で、ボイラーの水温を摂氏80度に設定し、室内の出芽装置を32度に保ち、65時間後（4日目の朝）に出芽苗を出荷する。

97（平9）年度から稼働したが、心配された受託（出芽苗）箱数は年々増加している。ここ10年ほどの伸びをみると、２００７（平19）年度は5万３４３０箱（彩のかがやき６８９３箱、キヌヒカリ1万９９１６箱、コシヒカリ2万６６２１箱）で、以降5万６２２４箱、5万９５１１箱、6万２５０６箱、6万５１７７箱、6万８４９５箱、7万３２９１箱と、増加の一途である。

14（平26）年度に初めて１３４４箱減少し、7万１９４７箱（彩のかがやき1万２３０８箱、キヌヒカリ1万５１１８箱、コシヒカリ4万４５２１箱）となった。

受託数の増加にともなって06（平18）年3月には第2期工事、11（平23）年3月には第3期工事が完成している。

このように「マニフェスト」を次々と実現した小久保は、92（平４）年７月は第２次開発用地50アールを取得、10月にはＪＡフレッシュショップ、農産物加工施設、94（平６）年には県下第１号となる日曜日の米検査の実施、翌年２月には経済センター、自動車民間車検場なども開設、整備した。

また、92（平４）年11月には農協貯金３００億円を達成、合併した埼玉中央農協となった96（平８）年３月度の残高は３７０億円となった。

【川島町農協30周年】

ともに歩んだ方々

旧村単位にあった６農協が合併して63（昭38）年１月１日に誕生した川島町農協は、93（平５）年に合併30周年を迎え、組合長の小久保は記念誌に次のような挨拶を寄せた。

「今日までの30年間は、地域農業と地域経済の活性化に努めながら、生産基盤作りとしての建設の時代でもありました。各本支店の新築を始め、埼玉県下３号機となるカントリーエレベーター、ライスセンター、中央集出荷所などを建築し、これに対応する自己資本は、利益の内部積立や回転出資金制度により充当させて戴いているところであります。

斯くして成長して参りました当組合も30周年を契機として、心を新たにし組合員の負託に応えねばなりません。現在、皆様のご承知の通り政治経済の国際化が急速に進展する中で、わが国農業は、諸規制の緩和、経済のソフト化・サービス化の進展、高齢化の進行、農業生産基盤の脆弱化等かつてない環境変化に直面しております。わが国農業は、まさに大きな転換期にさしかかっていると言っても過言でない状況にあるといえます」

その後の農協・農家を展望した一文となっている。

山口泰正町長は「川島町農協は常に的確に組合員のニーズ等を把握するとともに、それに対処し農協の使命達成に努められ、今日県下でも有数の経営規模と施設等を誇る農協になられ、地域発展に貢献しておりますことは、歴代の組合長さんはじめ、役職員の皆様の並々ならぬご努力の賜と行政の責任者として衷心より敬意と感謝を申し上げます」とお祝いの言葉を寄せた。

1月22日に行われた記念式典には、山口泰正町長、矢部泰夫町議会議長、吉田計夫東松山農林事務所長、下地浩東松山農業改良普及所長らの来賓をはじめ、多くの人たちが招待された。

苺組合長岡部正吉、種豚組合長吉野滋男、施設園芸組合長矢内力、わさび組合長倉浪庫吉、ビール大麦生産組合長横川好男、主要野菜組合長笹岡功、肥育牛組合長尾林亘造、稲作研究会長田中和男、川島町麦作連合会長内野正雄、白井沼もち生産組合長遠山清治、小見野採種（種籾）組合長若山富作、養蚕部会長島田正次、茄子出荷組合長小高和夫、きのこ組合長斉藤弥作、機械燃料課相談員長倉浪庫吉、Aコープ利用者懇談会長八木カズ子らの各氏である。

また、歴代組合長、3期以上務めた役員、30年以上の永年勤続者も招かれた。

【埼玉中央農協】

誕生の経緯

比企郡8農協の広域合併に向けて比企郡市農協合併促進協議会が発足したのは87（昭62）年3月で、当時、小久保は川島町農協の参事だった。

広域合併の目的は、農協の各事業を合理的・総合的に運営し、経営の健全化を目指すもので、県内20地区で合併協議会が設立された。

比企郡市の合併対策室は東松山農協に設けられ、初代室長には東松山の福島峰雄氏が就いた。対策室に8農協から1人ずつ派遣することになり、小久保は比企郡市の状況を知る絶好の機会と考え、管理課長の利根川洋治氏を出向させた。利根川氏はよく働き、誰からも経理に明るいことが認められ、中心的存在になった。

2年後に福島氏が定年退任し、後任室長には小川町の宮澤良次氏が就任、96（平8）年3月に定年退任した。

この年の4月1日に「埼玉中央農業協同組合」が発足した。

比企郡市の8農協（東松山市・滑川町・嵐山町・埼玉小川・都幾川町・鳩山町・川島町・吉見町）が合併して誕生した埼玉中央農協は、県全体をそのまま縮図にしたような地勢だ。

平坦地域は川島町、吉見町、丘陵地域は東松山市、滑川町、嵐山町、鳩山町、山添地域は小川町、都幾川村、玉川村である。

管内の総人口は約24万人。約7万世帯のうち農家は約9000戸だった。総面積は3万4718ヘクタールで、県全体の約1割を占める。耕地率26・4%の面積は9180ヘクタール、うち水田5760ヘクタール、畑3430ヘクタール、おおむね3対2で水田が多い。売上高では川島町農協と隣の吉見町農協が大半を占めていた。

埼玉中央農協という新しい名称は、職員、組合員による公募だった。小久保が「川島地区は、新しい農協では東に位置しているが、県の中央になる。埼玉中央が望ましい」と「埼玉中央」をすすめ、投票の結果決まった。

埼玉中央農協の発足の際には、旧川島町農協では組合員に川島町農協名入りの掛け時計と金庫、さらに富有柿の苗木を贈った。

富有柿は、特産品であるイチゴに加え、柿の産地づくりを目指そうというものであった。また、金庫は、当時の組合員は重要書類などを机の引き出しに入れており、金庫がある農家はまれであった。そこで組合員の財産を守る金庫を贈ろうと考えたものだった。金庫は高額で、しかも旧6村の農協合併で組合員も2000戸近くだったので億の金が必要だったが、贈ることにした。

同時に、これからの葬儀は自宅葬からホール葬へと変わっていくと考えていた小久保は、ホール葬の施設建設を計画することを前年度総会に上程、可決された。2億5000万円の建設計画であったが、合併に際しては、これを別枠にした。この決断は大きく、その後の東部セレモニーセンター建設に寄与した。

ところで、埼玉中央農協への出資金は、川島町農協以外の7農協が組合員平均数万円だったのに対し、川島町農協は一桁多い組合員が多数いた。

これは、前述したように、川島町農協の永島豊元管理課長が回転出資金制度に積極的に取り組んだことで財務が強化されたからである。永島氏のはたらきがあって、合併農協の中で1番の出資金を保有することができたのである。こうしたことから、合併においてはセレモニーセンターの早期実現と、川越藩のお蔵米の販売促進、継続的な発展強化を要請し合意できた。

新組合長選出と人事

合併した埼玉中央農協には8人の旧農協組合長がいる。合併に積極的に取り組んでいたのは、東松山市農協の吉本秋夫氏49歳、滑川町農協の杉田一芳氏48歳、それと小久保51歳と、若い組合長だった。

新組合長に小久保が手を挙げたら、全員が「結構です」という雰囲気だったが、小久保は組合長推薦会議で真っ先に「若い人がひとつになることが大切、年齢ではない」と発言した。

小久保が、合併推進協議会会長として尽力してきた吉本秋夫組合長を推薦すると、全員が賛成、7人の旧組合長が副組合長になった。

役員は、代表理事組合長が吉本秋夫氏、副組合長が小久保と、神田清、柿沼愛助、穂積實、中島義雄、市川紀元、杉田一芳の各氏でスタート、任期は1年だった。

参事には、合併前に川島町農協参事職が10カ月だった矢部實氏を推したが、1人制ということから大塚英雄氏が任命された。そして副参事には石川友一氏と矢部實氏がなり、矢部氏は翌年に定年退職した。

初年度は旧8農協の経営方針や体質の統一、事業体としての体制整備に力点が置かれた。

この年、元組合長8人は、8農協対等合併にともなう知事感謝状が授与された。

2期目となる翌97（平9）年5月の役員改選では吉本組合長が再選され、組織の機能向上を目指し、役員もスリムにした。

組合長は吉本秋夫氏、筆頭副組合長は神田清氏、副組合長は小久保と柿沼愛助氏が就き、参事には大塚英雄、副参事飯島清の両氏が就任した。

2期目となる吉本組合長は、早期是正措置を導入して経営体質の強化を図るとともに、合併によるスケールメリットを活かした経営に当たった。

また、農協法の改正による員外監事の設置があり、女性による事業・運営の判断ということで、根岸奈々子氏を選任した。

小久保は、97（平9）年6月の埼玉県組合長会総会において埼玉県経済農業協同組合連合会（県経済連）代表理事副会長に選任され、99（平11）年に埼玉中央農協代表理事会長となった。

2000（平12）年の役員改選では、吉本組合長は3期目を希望したが、小久保は福島峰男氏を推し、選出された。福島氏を推した理由は、「組織はいつも柔軟性に富み、新鮮でなければならない」という考えからだった。

長期政権は組織を硬直させ、新陳代謝の芽を摘みがちである。吉本組合長はそれを阻む人ではないが、組織の新陳代謝はトップ自らが率先垂範するというのが、小久保の持論だった。

それというのも、埼玉中央農協は、組織の硬直化に留意しなければならない時期にあった。旧8農協が基幹支店となり、支店数は33、組合員2万３２１１名（正組合員1万３８８1名、准組合員９３３０名）、職員５１６名（男３２５名、女１９1名）と大きな農協に発展していた。農協の理念・組織・事業の３つの柱を基本に、組合員のニーズをくみ取り、高水準で効率的な事業システムを構築する必要があった。そのためは管内各地区の変化に柔軟に対応する、斬新な方策が求められいたのである。

この年の役員には、代表理事会長が小久保徳次、組合長が福島峰雄、副組合長が保積實、専務理事は金子重次と中村正の各氏という体制になった。参事は、飯島清氏が副参事から昇格して職員の教育、経営の健全化に努めたが、2年後の02（平14）年3月には定年退職した。

【経営責任を問う】

経営改善資金拠出

21世紀になった01（平13）年、ＪＡグループ内でかねてから問題になっていた「厚生連の病院経営問題」が表面化した。県厚生連（埼玉県厚生農業協同組合連合会）が経営する熊谷総合病院と幸手総合病院の経営問題である。

とくに幸手総合病院は、長く赤字が続いており、県厚生連理事会でも「民事再生法を適用すべき」との意見があったが、倒産となれば大きな影響が出るという理由から、ＪＡグループ内から経営改善資金を拠出し経営改善するということになった。

拠出金の総額は15億円。埼玉県各連合会（信連・経済連・共済連）が7億5000万円、ＪＡ（農協）が7億5000万円で、返済期間は5年とされた。県内の37ＪＡ（農協）に拠出金額が示され、埼玉中央農協は5124万5000円であった。

01（平13）年の埼玉中央農協の2月理事会では、この経営改善資金の拠出が議題になった。福島峰雄組合長が資料説明したあと、県厚生連理事でもある中村正専務理事に再建計画について詳細な報告を求めた。

中村専務理事は、「人件費の抑制や退職金の減額などによる経費削減、経営の合理化を実施し、5年で再建する」という再建計画を説明したが、森田泰雄、新井和芳の両理事からは「再建計画が甘いのではないか」というような厳しい意見が出され、幸手総合病院の再建計画に否定的な意見であった。

賛否をとることが難しい状況だったので、次回理事会で再協議するという意見も出されたが、福島組合長が、埼玉中央農協会長として隣に座っていた小久保に、「きょう決定・承認が得られないと、私も中村専務理事も困る。なんとか頼む」と耳打ちされた。

福島組合長から指名された小久保は、「再建計画を完全に実施して黒字化し、約束の5年後には経営改善資金を返納することになっている。県経済連としても、5年間で再建できなかった場合には病院の資産等を売却してでも1・5％の利子を付けて返納するということを重くうけとめ、拠出することに決定した」と発言した。

小久保の説明を聞いた出席理事から、「よくわかった」と全理事が賛成し、5124万5000円を拠出することを決定した。

返納せず、新病院建設のなぜ

経営危機にあった幸手総合病院は、県連合会とＪＡ（農協）が拠出した15億円の拠出金を投入して病院経営の改善を進めるも、「このままでは病院の経営は難しく、約束の経営改善資金の返済は病院資産を売却してでも返済すべきだ」という井坂茂夫病院長の話を聞いていた小久保も、「約束は必ず守り、返納すべきだ」という考えであった。

ところが、鈴木芳男前県中央会会長・５連共通会長と、当時の江原正視会長によって、幸手総合病院の経営をあきらめ、新たな病院建設の計画がひそかに進められていた。

経営改善資金を返納する期日が迫っていた06（平18）年3月6日、県厚生連経営改善委員会が開催され、３日後の9日にもふたたび同委員会が開かれ、久喜に新病院建設の提案がなされた。

小久保は、「新病院を建設する余裕があるなら、まず、経営改善資金を返納すべきである。できなければ病院施設等を売却してでも返納する約束であるから、返納が確認できない今、新たな病院建設を議論する時期ではない」と主張した。「病院を処分すれば返済できる」「病院経営からは撤退すべきだ」という声もあり、小久保も同じ考えであった。

ところが、経営改善委員会の委員は提案を了承して、賛成多数で可決された。

県厚生連経営管理委員・組合長の責任

新病院の建設が決定した後の3月28日に開かれた埼玉中央農協理事会で、中村組合長は経営改善資金について、「幸手病院の経営は安定してプラスに転じているが、これからも発展的な考えで恒常的に引き続き借りたい」というような要望をしたようだ。

中村組合長は、県厚生連経営管理委員会委員でもある。当然、3月9日に機関決定した新病院建設にかかわっている。埼玉中央農協理事会で、このような要望をしたとなれば、事実を隠した虚偽発言であり、理事会および組合員に対する重大な背任行為である。

この話を聞いた小久保は、激しい憤りを感じざるを得なかった。同時に一抹の不安を感じたが、病院経営が順調に改善され、経営改善資金が返ってくることを願うばかりであった。

【広域合併】

東秩父農協との合併

2001（平13）年4月1日、埼玉中央農協は東秩父村農協と対等合併した。東秩父村農協としては念願の合併であった。

広域合併は県下９郡の各郡に１農協に再編することであった。しかし、農協の経営基盤である生活圏が、行政区分と異なる農協からは行政区分による線引きに反対していた。

それが秩父郡の東秩父村農協だった。生活圏が比企郡小川町の東秩父村農協は、比企郡の農協との合併を希望していた。

広域合併にあたり、東秩父村農協は当初、秩父郡市合併推進協議会に参加していたが、１９９５（平７）年開催の臨時総会で同協議会を脱退、単独農協として歩むことにした。

その後、小久保は、秩父郡のちちぶ農協組合長で県組合長会の富山定二副会長と機会をみては会い、東秩父村農協の合併について何度も協議した。

小久保が埼玉中央農協会長、県経済連代表理事副会長、富山組合長も２０００（平12）年６月に県組合長会会長という立場になると、浦和などで意見交換を重ねた。

「組合長会会長としても東秩父村農協の合併問題を片付けたい。埼玉中央農協会長、県経済連副会長である小久保さんに、ぜひご尽力を賜りたい」と懇願された。

富山組合長との協議までが自分の役目と考えていた小久保は、「あとは富山組合長と埼玉中央農協の福島峰雄組合長、埼玉県農協中央会合併対策室事務局を入れて協議してください」と申し上げた。

こうして東秩父村農協は合併のはこびとなり、00（平12）年11月18日に合併調印式が行われ、合併が実現したのである。

埼玉中央農協は、8農協が対等合併した組合長のほか7人の旧組合長は副組合長となり、副組合長は翌年の役員改選で2人制になった。

東秩父農協とは対等合併であることから、小久保は役員選任規定を変えてでも、東秩父村農協の田中則夫組合長は副組合長にすべきだという意見を述べたが、「期中の半ばであり、すでに体制が整っている。この件についてはご理解をいただきたい」ということで、了承せざるを得なかった。田中組合長は専務理事に就くことになった。ところが、専務理事に代表権が付いていなかった。小久保は常勤役員会で「田中専務理事に代表権を付けるべきだ」と発言し、全員が賛同した。

埼玉中央農協には東松山市、比企郡7町、秩父郡東秩父村の各農協が合併し、組織的には会長1人、組合長1人、副組合長2人（のちに1人）、専務理事1人体制になった。

24 年の夢がかなう

東秩父農協と対等合併した後の02（平14）年の役員改選では、会長が小久保德次、組合長が福島峰雄、副組合長が石黒安太郎、専務理事中村正、専務理事金子重次の各氏となった。

この年から参事職を廃止し、常務理事を設けることになった。管理担当常務に舟橋俊人、経済担当常務に伊田由夫の各氏が就任した。

経営感覚に優れた舟橋氏は、次の05（平17）年の役員改選では副組合長に就任した。同年の役員では、会長が小久保徳次、組合長が中村正、副組合長が舟橋俊人と金井塚健三、管理担当常務が利根川洋治、経済担当常務が南政夫の各氏となった。

08（平20）年の役員改選では、組合長に舟橋俊人が選出され、副組合長は坂田誠治、専務理事は利根川洋治の各氏となり、次の11（平23）年は組合長舟橋俊人、副組合長利根川洋治、専務理事森田信彦の各氏という体制になった。

小久保が後継者と思い、38歳の若さで川島町農協管理課長に抜擢した利根川洋治氏が組合長になったのは、次の14（平26）年5月の役員改選である。

小久保は24年にして夢がかなったという思いだった。「自分が組合長になったとき以上の喜び」と語っている。

なお、副組合長は森田信彦、専務理事は千野寿政、管理担当常務は飯野宏、経済担当常務は大澤利宏の各氏が就任した。

【セレモニーホール】

県経済連の生活事業として

経済課長時代に前任の鈴木甲子男課長から引き継いだ葬祭事業について、小久保は、「10年先にはホール葬に変

県下一の利用を誇る東部セレモニーホール

わる」と考えていたので、新しい生活事業として葬祭ホールの建設を計画した。

「マニフェスト」に掲げた事業計画としては最後になってしまったが、事務方に葬祭ホール建設計画を検討するよう指示した。

そして94（平6）年の川島町農協の総代会に上程、翌年に葬祭ホール建設の固定資産取得計画として2億5000万円を計上、了承された。

ところが、「比企郡に1農協」とする広域合併が急速に進展し、96（平8）年4月1日に8農協が合併して埼玉中央農協が誕生することになった。「合併前に金を使ったといわれるのはどうか」という考えもあり、計画金額をそのまま埼玉中央農協に移すことにした。

埼玉中央農協が誕生した翌年の役員改選で、小久保は引き続き福組合長となり、県経済連代表理事副会長に就任すると、県経済連の生活事業としても葬祭事業を考えていた。事業体制が確立している川越、久喜、熊谷の各事業所に１カ所の葬祭ホールを建設、経営することを立案する。

県経済連運営の最初の施設は、熊谷事業所の籠原に建設した。想像した以上に好評だった。ホール葬が急速に普及し、ＪＡアグリホールとして県経済連の生活事業の中でも大きなウエートを占めている。なお、利用者に提供する料理は、その道の井口富夫氏の指導のもとにゆだねることにした。

一方、各農協には、県経済連と一体となって葬祭ホールの建設を推進し、施設規模に合わせて助成措置を考え、事業の確立を図ることにした。

こうしたなかで寄居町農協の丸橋忠専務理事は葬祭事業に熱心に取り組み、組合長に就任すると県下１号の葬祭ホールの建設を進めた。寄居町農協が深谷農協と合併したこともあって、01（平13）年４月から同農協の事業として開始した。

また、秩父農協の宮澤勝男営農経済部長も４年間に３カ所を完成させた。いまでは組合長として活躍している。県経済連における小久保の前任者は、秩父農協選出の根岸徳治会長であった。

あまりにも低い土地鑑定

埼玉中央農協では、葬祭ホールの建設地を川島地区に決めた。川島町農協時代に計画され、その資金２億５０００万円を合併時に移していたことが、川島地区にした理由だった。

ところが、ここに敷地問題が発生した。

川島町農協は現在の埼玉中央農協川島基幹支店前の土地30アールを1994（平6）年に購入していた。購入当時は直売所を計画していたが、面積的に課題があり、圏央道（首都圏自動車連絡道）の建設工事会社の資材置き場として貸していた。

農協前には、日之出水道機器の工場があり、同社が農協と町に工場拡張の要望を出していた。マンホール鉄蓋では国内シェア75％を誇るトップメーカーで、圏央道川島インターを利用できる立地の良さが工場拡張の理由だったと思われる。

葬祭ホールの建設用地としては狭く、町長も農協の方針に協力するということで、日之出水道に売却ということになった。

売買契約書もでき、捺印する時点になって、会長の小久保に了承を求めてきた。購入時がバブル最盛期とはいえ、あまりにも低い評価だった。これでは大きな損失が出てしまう。

「この価格では了承しかねる。川島地区選出の役員にも意見を聞きたい」という小久保の意見から、2004（平16）年3月17日・20日・22日に川島地区は緊急役員会を開き、埼玉中央農協から福島峰雄組合長以下、関係者が出席して協議した。

「この価格では無理だ」という意見が出れば、「売買契約書まで出来ている」という声もある。平行線のまま無言が続く。

「価格は、もう少し何とかならないか」と打開案が出されると、「鑑定士も一流で、評価額に20％プラスした価格になっている。これ以上望めないので、これでお願いしたい」と協議は暗礁に乗り上げてしまう。

小久保は、組合長の手前もあり、強固な反対もはばかれるので、「購入時と比べて地価が下がっているのは事実だが、それにしても安い。もう一度鑑定を依頼するということでどうだろう。ただ、鑑定については私に任せて欲しい」と提案し、了承された。

そして、土地売却の際には葬祭ホールの建設用地として40アールの土地購入を要望し、了承された。再鑑定になっても組合長は「経費もかかる。再鑑定額が必ずしも高くなるとは限らない」というような意見だったが、川島地区役員からは「再鑑定の手配をお願いします」という要望だった。

当時、小久保は埼玉県収用委員でもあった。収用委員は県特別職で、7人である。弁護士会が2人、ほかは不動産鑑定士協会、税理士会、農業団体、学識経験者、県議会議員OBから各1人が選出されていた。小久保は農業団体代表である。

再鑑定を一任された小久保は、当時埼玉県不動産鑑定士協会会長の（株）関田栄太郎関田不動産鑑定事務所社長に依頼することにした。

その結果、農協が依頼した鑑定額よりも大きな差がでた。購入時から土地を賃貸していた金額を加えると、購入価格を上回った。

04（平16）年3月26日に開かれた埼玉中央農協定例理事会で採用され、9月の定例理事会で売却が決まり、同年12月7日、埼玉中央農協は日之出水道機器と売買契約を締結した。

東部セレモニーホールの建設

土地売却の際に、新たな葬祭ホール用地として購入を要望していた小久保には、購入する候補地があった。川島町農協組合長時代に農協に隣接する土地の購入を考えており、所有者には「その際にはお願いしたい」と話していたのだ。土地所有者のその旨を話すと快諾され、40アールを取得することができた。

農業委員会の審議を経て開発申請を提出、開発計画が順調に進んでいると思っていたが、「開発許可が下りず、ほかの支店に建設するような動きがある」との連絡を受けた。開発許可が下りないことにはどうにもならないが、どうも納得がいかない。

05（平17）年11月4日、小久保は川島基幹支店の福室実支店長と東松山県土整備事務所に出向き、開発申請の経緯をカウンター越しに説明した。

「なんとか事務所のお知恵を結集していただき、皆様のご指導のもとで許可がいただけないものでしょうか」

「どうにもなりません」

「私は、ほかにお願いに参りたいと思っていましたが、なんとしても東松山事務所のお力で許可をいただくのが望ましいと思いまして、あえて無理を承知の上でお願いに上がりました」

「あなたは何をされている人ですか」

「さきほど名刺を差し上げた埼玉中央農協の会長です。嵐山のインターチェンジの土地買収の件では、長い間、大変でしたね、ご苦労様でした。地元として何度か地主の方とお話をさせていただきました」

1週間ほどすると、東松山県土整備事務所の次長以下5人が来訪し、現場を視察した。対応した福室支店長は、以前は3階で結婚式場として利用していたことなどを説明した。

後日、福室支店長に「式場として利用した人がいたら知りたい」との連絡が入った。たまたま職員が利用していたので、書類を確かめ、事実を確認した。

1カ月後の12月4日、小久保は東松山県土整備事務所から開発許可が下りたとの電話を受けた。マニフェストの最後の仕事が実現できることになり、涙が出るほどの喜びだった。

赤字になると思われていた葬祭事業は、葬儀が自宅葬からホール葬に変わると確信していた小久保が展望した通りになり、組合員から感謝されている。

現在は埼玉中央農協東部セレモニーホールとして県下一の利用状況を誇っている。

第5章　県経済連時代

大日本蚕糸会総裁常陸宮殿下より蚕糸功労賞を拝受(2001年)

茶会を前に小久保に挨拶される大日本蚕糸会総裁の常陸宮殿下

【実態把握と改善】

米の販売事業で危機を救う

川島町農協組合長になった1990(平2)年6月、比企郡内の農協から1名、埼玉県経済農業協同組合(県経済連)の理事選出があった。川島町は郡下のなかでも農業が盛んで、もっとも大きな農協ということで、小久保が県経済連理事に選出された。

県経済連理事に就任すると、全国農業協同組合連合会(全農)総代など30を超える農業関係団体等の要職に就いた。

当時の県経済連の主な事業は、米麦、園芸、畜産、酪農、営農推進、食糧、農機・自動車・燃料などを管轄し、理事に就任した前年の会員数は147、販売事業約1012億円、購買事業約1166億円、合計約2178億円の規模だった。

小久保は、ここでも事業の実態を把握することから始めた。

すると、米の販売事業で考えられないようなことがあった。帳簿に毎月計上されている米の販売未収金が、月末になると減少し、翌月になるとまた増えているのだ。しばらく様子を見ていたが、解消されない。職員からは「未収金については、努力しています」という返事だった。

「おかしい」と思った小久保は、小切手を受け取った日を入金日にしているのではないか。これなら月末に未収金が減少し、決済が不可能になれば翌月には吹き返すことになる。これを続けていては、県経済連の経営に大きな影響が出てくる。

「小切手の入金処理を止め、約束手形に代えるべきだ」と主張して約束手形に変えるも、未収金が増えても減ることはなかった。

「手形が、約束手形ではなく、為替手形ではないのか」

経理実務の経験がなく、その知識もない職員や役員からは、「為替手形って何ですか」と聞かれる始末だった。手形を確認すると、振出人と支払人が別人だった。これが為替手形というもので、これでは決済されなくても不渡りにならない。振出人と支払人が同一の約束手形にしてもらうよう指示し、金額に相当する担保を確保するよう命じた。

その後、十数億円の未収金は順調に回収することができた。浦和実業専門学校で商業会計を学んだことが大いに役立った。「危機を救った」ということで、小久保の評価が一段と高まったことはいうまでもない。

農協は92（平４）年４月から、「ＪＡ」の愛称や「ＪＡマーク」を使い始め、その翌年に県経済連理事に就任してから３年後、小久保は県経済連の一番若い筆頭理事に昇進した。

無洗米工場建設と待遇改善

97（平９）年５月に開かれた埼玉県農協組合長会の総会で、小久保は県経済連筆頭理事から、代表理事副会長に選任された。

この年から、埼玉県中央会代表理事会長が5連合会（全農・経済連・信連・共済連・厚生連）の会長を兼ねることになり、5連の代表理事をそれぞれ代表理事副会長とする「1会長制」となった。5連の各代表理事副会長が各連合会の実質的トップであり、責任者となった。

5連合共通会長代表理事には平野政利氏が就任した。県経済連は代表理事副会長に小久保徳次、代表理事常務に田村恵司氏、斎藤哲男氏、参事総合管理本部長に吉田勲氏、同営農事業本部長に古谷肇氏という陣容になった。

県経済連代表理事副会長となった小久保は、無洗米工場の建設を手掛けた。筆頭理事のときに「補助事業を導入できないか」と提案したが、当時の根岸徳治会長、利根川清副会長が「営業用の無洗米工場となると無理」という判断から、中断していた案件だった。

「これからは環境に対応した施設が求められる。環境をポイントにして県の指導を仰ぎたい」と提言した。

米を研ぎ洗いするのは、浄化が難しいリンや窒素などの成分が残っている糠を取り去るためで、それが水質汚染の要因ともなっている。無洗米工場にすれば、糠が取り除かれているので環境負荷が軽減され、また糠を再利用した肥料や飼料も可能になる。

消費者にとっても、研ぎ洗いがないから節水になり、研ぐ手間や時間の軽減にもなる。手の美容にも喜ばれる。

無洗米工場建設の必要性、重要性、需要性などを説明すると、県の担当者はよく理解され、97（平9）年度の補助事業として建設されることになった。

無洗米工場が完成すると、大変な評判を呼び、県議会の農林環境部会も視察に来て称賛した。

一方、小久保は県経済連職員の意識改革にも取り組み、仕事ではジャンパー、スニーカーにした。農協職員の給与は、報酬等審議会の答申に基づくが、各農協の経営状態などから、達しない農協もあった。この是正にも努めた。

学校給食と地域農業

98（平10）年12月、県内の公立小・中学校に通う子どもたちは、「今日から給食のごはんは埼玉で作られたお米になります！」というプリントを受け取った。県学校給食会と県米消費拡大推進連絡協議会、ＪＡグループが連携して作成したものだ。

学校給食会から、政府米より多少高くても県産の自主流通米を１００％確保できないかと打診されていたＪＡグループに異存はない、積極的に取り組む意向を伝えた。

同協議会は6月に米飯学校給食推進会議を開催し、県産自主流通米の導入に向けて協議を重ねた。わずか半年で導入をまとめることができたのは、学校給食会とＪＡグループが県産自主流通米の導入の意義を共有したからであろう。

学校給食会の高鷲幸助事務局次長は、「埼玉はコシヒカリを中心とした米の産地。質はまったく問題はないし、量についても経済連が安定供給を保証してくれる。給食費などの負担にならない価格で供給を実現してくれました」と農業協同組合新聞のインタビューで答えている。

県内の公立小・中学校の給食を埼玉県産米新米に（学校給食関係者と。1998年）

26回目となる「親子体験田植教育室」（2016年6月）

提供側となる小久保も同紙に次のようにコメントした。

「私どもは県学校給食会を取引先とは考えていません。よりよい県農産物・加工品を共同開発するパートナーと位置付けています。教育現場と生産場面の双方の利益を目指してスクラムを組む同志だと考えています。このため農産物を再生産できる価格が学校給食のコンセプトとなっています。

また、価格はもとより、安心・安全の課題を重要視するとともに、地産地消をコンセプトに取り組んでおります。これはＪＡグループが掲げる消費者、次世代との『共生』の取り組みです」

この事業を積極的に推進した小久保は、次世代との「共生」を考えていた。

たとえば埼玉生協（現・コープみらい）と連携した「親子体験田植教育室」は、小久保が川島町農協組合長、県経済連理事に就任した90（平2）年から始めている。田んぼを借りて、親子がいっしょに田植え、田の草取り（無農薬栽培のため）、刈り取りを体験する。農協は乾燥調製（籾摺り）、精米し、親子は自分たちが作った米を自分たちで分かち合い、食べる。

田植えから体験して食べる喜びは、米と米づくりを理解するうえで大きな力になる。26回目となる２０１５（平27）年の田植えには１３０人の親子が参加し、参加人数を制限するほどの人気となっている。

学校給食とのコラボ

子どもたちや教師からは「ごはんがおいしくなった」と一斉に歓迎の声が上がった。反響に意を強くした県経済連では、「県産小麦や大豆なども使った食材開発に弾みがついた」と門倉正米麦部長は農業協同組合新聞に答えた。同紙によると、99（平11）年に県産小麦「農林61号」を使った地粉うどんを供給、パン「さきたまロール」の開発も成功させた。学校給食のパンに国産小麦100％を使用したのは、全国でも初めてだった。

その後ハンバーガー用パン「さきたまセサミバーンズ」、狭山市では地元の要請にこたえて抹茶入りパンも供給した。小麦はうどん、中華めんなどにも使われている。

県産大豆では、タチナガハを使った「彩の国なっとう」が人気を呼び、ブランドにまでなった。そのほか彩花みそ、冷凍ボイル大豆、冷凍豆腐、醤油にも提供し、学校給食用大豆の原料供給は相当量が地場産となった。サトイモやブロッコリーなどの野菜、デザートとして梨などの果実類、県産黒豚50％使用フランクフルトソーセージなど、子どもたちに安心・安全を提供する地域農業として、JAグループの果たす役割がますます大きくなっている。

県産農産物の学校給食用商品開発は、学校給食会や農林部、JAグループが一体となって取り組んだ農業振興策であった。

「子どもたちは、地元の農産物を通じて、食と日本の伝統文化が学べる。これはカリキュラムにはない教育となると思う。生産者にとっても、わが子、わが孫が、学校で食べるものを作るのだから、生産意欲が一層高まり、生産指導と地域農業振興につながる。この事業は埼玉県農業の発展のひとつの方向である。県当局と学校関係者と理解を得ながら、さらに飛躍したい」と小久保は語っている。

99（平11）年の役員改選では、平野政利氏が埼玉県中央会代表理事会長・５連会長に再任された。県経済連では、代表理事副会長の小久保徳次と、代表理事常務の田村恵司氏が再任、吉田勲氏は参事総合管理本部長から代表理事常務に昇格した。後任の参事総合管理本部長には小林正次氏がなり、同営農本部長には古谷肇氏が再任された。

多様化した消費動向に対応

この頃、いわゆる「米あまり」が言われるようになり、政府は新食糧法による生産調整を進めた。各農協では、優良農用地の確保と資産の有効活用を高めるとともに「農と住の調和したまちづくり」の構築を目指すようになった。

そして、地域社会の変化や生活様式の多様化に対応し、各農協の生活関連施設の充実をすすめ、組合員や地域住民に開かれた生活関連事業の展開に取り組んだ。

そのなかで小久保は、農協の主要事業である米の生産と流通を促進するために「彩の米センター」の充実を図り、米の生産から販売まで一貫した事業体制を確立する。

また、県産農産物の優位性を打ち出すブランド化推進や新商品開発にも力を入れ、多様化した消費者ニーズに対応する方針を強く打ち出した。量販店との契約販売や、生産者と消費者の顔が見える地域内流通の拡大など、さまざまな販売チャンネルの開拓を推進した。

その一方で、消費者からは食料の安全・安心、さらに環境問題に関心が高まっていた。

こうしたなかで起こったのが、「食肉O－157（病原性大腸菌）騒動」である。

「O－157騒動」で知事から電話

2000（平12）年6月20日、川越保健所が行った定期検査でO－157が検出されたとして、県はハムとソーセージの商品回収を命じた。

川島町のトーチクハム埼玉工場と狭山市のセントラルフーズが6月10日から13日頃に生産したハムとソーセージの3銘柄で、すでに約2000個が販売されていた。2社にはトラブルがなかったことから、再検査を申し入れる。

一方、県は国立感染症研究所に検査を依頼、ここで検査ミスであることが明らかになった。県健康福祉部は29日に「検査段階のミス」を認め、製品の回収命令を撤回、安全宣言を出した。

ところが、翌30日になって大手スーパー「ジャスコ」（現・イオン）が、埼玉県に対して、ブランドの信用と店の名誉を傷つけられたとして、損害賠償請求を行うと表明した。

同社は、トーチク埼玉工場でロースハムを自社ブランドとして製造し、製造日にかかわらず同工場製造の全商品約3万4000個の回収に追い込まれたという。

ジャスコが表明すると、「賠償に税金を使うな」「県民1人あたりいくらかかるのか」といった抗議と非難の電話が県庁や保健所に殺到した。

賠償請求額は想像をはるかにこえ、これほど多額な損害賠償は県の財政では不可能だ。対応を誤れば県知事の進退問題となり、政治生命にもなりかねなかった。

県知事は、過去最高の218万票を獲得して3選を果たしたばかりの土屋義彦氏だった。知事の懸命な努力によって賠償額が数十億円になったという話も聞いたが、それでも深刻な事態に変わりはない。

このとき土屋知事から、「あなたが責任をもって対応しなさい」と言われたのが、副知事の青木信之氏（元・消防庁長官）である。

「土屋知事から任され、大変な思いで取り組んだ。もし失敗していたら、いまの私はなかった」と、後日、小久保も出席した会合で青木氏は話している。

青木副知事に対応を任せる一方で、土屋知事は小久保に「困ったことになった」と電話を架けた。「県としては金の工面が非常に難しく、進退問題に発展する可能性がある」と聞かされた。

小久保が県経済連代表理事副会長、埼玉県畜産会副会長という立場での電話ではなく、知事から「兄弟」と呼ばれる信頼関係で結ばれていたゆえの電話である。

土屋知事から贈られた「至誠通天」

「至誠通天」で販売運動

ハムとソーセージの安全性に問題があるわけではないが、騒動の責任は県のトップである知事にある。

電話を受けた小久保は、土屋知事が敬愛している吉田松陰の言葉で、座右の銘にしている「至誠通天（至誠天に通ず）」で対応することに決めた。

「ジャスコには誠意をしめすことが大事だと思う。どうでしょう、経済連を中心にＪＡと県が一体となって販売推進運動を展開しましょう」

「できるか」

「やりましょう」

具体的には、県経済連を中心にＪＡの5連合会に働きかけ、県とＪＡグループが一体になってハム・ソーセージのギフトセットの販売推進運動を展開するというものであった。県と農業団体挙げての販売運動が展開されることになった。

県経済連は、注文を取ってから販売するというのではなく、ギフトセットを買い上げたうえで販売した。中元と歳暮の２回にわたる販売推進運動で目標以上の結果を生み出した。

ジャスコも土屋知事の誠意と熱意に理解をしめし、損害賠償請求もなく解決できた。その陰に副知事の青木信之氏と小久保の献身的な取り組みがあったことは、あまり知られていない。

後日、土屋知事からは自筆の扁額「至誠通天」が贈られた。

この騒動は、埼玉県畜産会副会長、県肉用牛経営者協会理事、県畜産価格安定基金協会会長でもあった小久保にも、また県内の畜産界に及ぼす影響を考えると、小久保が果たした役割は大きかった。

付け加えておけば、騒動前の97（平９）年には農協法の改正や新農業基本法の検討など、畜産における生産環境が大きく転換していた。

これまで畜産関係に大きな援助をしてきた政府は予算削減を行っており、生産者経営は厳しくなっていた。消費税も５％にアップした。

こうした時代の変化に小久保は、政府の援助に頼るばかりでなく、農協が経営感覚を持つことの必要性を痛感し、生産者と消費者を結ぶ販売推進を展開することを目指していく。

関東生乳販売連合会会長となる

中央酪農会議は、全国の指定生乳生産者団体と、全農などの酪農関係機関とで構成される酪農指導団体である。

なかでも指定生乳生産者団体は、消費者に安全・安心な生乳を提供する重要な役割を担っており、生乳流通の合理化、適正乳価の実現など酪農政策に重要な位置を占めている。

しかし、酪農家戸数の減少や乳価交渉力の弱体化などから、広域化を進めることになり、中央酪農会議は「新たな酪農・乳業対策大綱」に基づき、98（平10）年に全国9ブロック（北海道・東北・関東・北陸・東海・近畿・中国・四国・九州）に分ける広域指定団体の設立に取り組んだ。

この設立は、生乳の集送路線の再編などによる生乳流通の合理化や、販売先である乳業者との対等・公正な取引の実現などを目指すものであった。

設立には小久保も積極的に取り組み、全国に先駆けて関東生乳販売農業協同組合連合会（関東ブロック）の設立に尽力し、2000（平12）年には副会長、2年後には会長に就任し、同時に中央酪農会議理事となった。

関東生乳連合会は1都8県（東京・千葉・茨城・長野・埼玉・群馬・山梨・神奈川・静岡）の生乳販売農業組合が会員である。

同連合会の生乳出荷戸数は7010戸、受託数量は約145万5000トンで、これはホクレン（北海道ブロック）の9950戸に次ぐ規模である。全国の生乳出荷戸数3万3600戸の半数近くをホクレンと関東が占めている。

02（平14）年に関東生乳連会長に選ばれた小久保は、就任の抱負を次のように述べた。

1都8県の関東生乳販売農業協同組合連合会会長に就任（2002年）

「生乳生産は平成八年度をピークに減少を続け、生乳の供給責任を果たすためにも、生産基盤の回復が課題となっている。また、集送乳体制の合理化、生乳検査体制の整備、生乳トレーサービリティーの検討などに取り組む」（日本農業新聞「ＪＡ広報」＝02年5月29日付）

乳価交渉は代表権のある役員を要求

生乳連の最大の仕事は「乳価交渉」である。小久保の双肩に関東生乳連７０００戸の生活がかかっている。その責務に、身が引き締まる思いだった。

乳価は、酪農生産者（団体）と乳業メーカーとの合意によって決められるが、合意形成の過程は乳価交渉と呼ばれ、生産需給状況や市場動向、酪農生産者や乳業メーカーの経営状況などから総合的に勘案する。ここで合意された成果（乳価）は取引ごとに変わるが、大筋では同じになる。

生産者側の乳価は中央酪農会議の生乳取引等委員会が決める。同委員会は03（平15）年1月に改選があり、委員長に河合正秋東海酪連会長、副委員長に枳殻勝久ホクレン会長、山崎博文中国生乳販連会長、小久保の3人が選ばれた。改選後に開かれた同委員会で「現行価格以上の申し入れをすべきである」という意見が出された。最大の交渉相手は乳業メーカーの大手3社（明治・森永・雪印）である。これまでの交渉ではメーカーの担当部長との間で行われていたが、小久保は「こちらは会長と代表理事である。少なくとも代表権のある担当役員との交渉」を求めた。

乳業メーカーは、長い間、経営上の厳しさを理由に値上げに応じていなかったが、小久保は「厳しいといわれるが、黒字を出し、株主には配当している」とメーカーの業績面に言及した。

そして、「メーカーの利益は原料となる生乳にあり、それを生産する酪農家があって会社は成り立っている。お互いの信頼が大切だ」と値上げに応じるよう迫った。

理論整然と説く小久保の話にメーカー側の役員は押し黙ってしまった。結果はわずかではあったが、その成果を得ることができた。小久保の実績がまた加わった。

なお、01（平13）年には全国牛乳普及協会理事に就任している。

また、肉用牛生産における所得税は、自民党の山中貞則衆議院議員が尽力して1967（昭42）年に成立した免税特別措置の時限法であった。

山中議員は党の税制調査会会長に就任した後も何度か延長を決め、事実上の恒久措置となっていた。中央酪農会議理事である小久保の説明を聞いた山中議員は免税措置を了承してくれた。〝税調のドン〟といわれた山中議員は、毎年の税制改正を実質的に決めていた。私心がなく、税制に関する限り一切の陳情や取材を受けつけなかったという。影響力が絶大だった時期でも、選挙区（鹿児島）の主要産業である葉タバコや焼酎の増税案が通過しているほどである。

その後のことになるが、小久保が黄綬褒章を受章した祝賀会にも駆けつけ祝っている。

JA肥料「アラジン」の販売連続日本一

農業において肥料はきわめて重要である。とくに主原料となるリン酸質資源はほぼ全量を輸入に依存し、全農はリン鉱石・リン安の5割、塩化カリの6割を自ら輸入していた。

リン酸質肥料のもとになるリン鉱石は遍在しており、リン鉱石の争奪や国際市況という潜在的リスクがある。そのため全農は、米国フロリダ州にリン鉱石採掘事業を行う「全農燐鉱」を運営し、米国がリン鉱石の輸出を全面停止する96（平8）年まで、委託生産を行っていた。

一方、一極集中のリスクを回避するため全農は92（平4）年、ヨルダンとの合弁会社「日本ヨルダン肥料会社」を設立した。ヨルダンはリン鉱石とカリの生産量が世界7位と多く、さらにリン鉱石とカリが同一地区（鉱山）で産出され、比較的容易に手に入るからである。

同社には、三菱化学（現・ジェイカムアグリ）、朝日工業、三菱商事が参加し、日本から技術者を送って製造し、安価で良質な化成肥料「アラジン」の販売が始まったのは97（平9）年である。

埼玉県は〝東京の台所〟という立地から、全国有数の野菜生産地であり、肥料の消費も多い。小久保はアラジンの販売推進に取り組み、大々的なキャンペーンを展開した。

98（平10）年の県経済連におけるアラジンの販売実績は2453トン、全国1位となった。

ヨルダン政府は在駐日ファルーク・カスラウイ全権大使を通じて小久保に「ヨルダンと日本の友好、経済発展に貢献した」として経済振興感謝状を贈った。

また、小久保は、全農が広島・呉の造船所で建造していた専用船「JAアラジンドリーム」の進水式に、全国一のアラジン販売ということで招待された。同船は99（平11）年1月11日に完成した。

2000（平12）年度（6月～翌年5月）にもアラジンの日本一の販売実績を上げ、ヨルダン政府は在駐日サミール・ナウリ全権大使を通じて「ヨルダン国と日本国の親交を深めると共にヨルダン国の経済発展に多大なる貢献をされた」と、今度は経済振興表彰状を贈った。

小久保は都合3回ヨルダンを訪問したが、ヨルダン政府は経済発展に大きく貢献したと高く評価し、そのたびに国賓待遇でもてなした。

ヨルダンのフセイン国王が亡くなられた時、大使館に弔問に行ったのは小渕恵三首相に続いて小久保は2番目だった。

小久保はヨルダンに桜の苗木100本を寄贈している。

ヨルダン政府から贈られた経済振興表彰状を手渡す
駐日ヨルダン　サミール・ナウリ大使

ヨルダン政府から贈られた経済復興感謝状を
手渡すヨルダンのファルーク・カスラウ大使

園芸協会といちご連合会

小久保が県園芸協会副会長から会長に昇進したのは、03（平15）年7月である。協会設立以来、会長を務めていた三ツ林弥太郎氏（元衆議院議員、元科学技術庁長官）の後を継いでの就任であった。

農産物としての野菜類は1949（昭24）年に統制が撤廃されると、農家の生産意欲が刺激されて急速に生産が拡大した。各地に産地市場が開設されたが、出荷は農産物別に任意だったため、生産者は市場相場に翻弄されていた。

産地を取材していた埼玉新聞の桜井盤雄記者は、市場に振り回されている農家の実情を憂い、県下をひとつにする組織の必要性を訴えた。

県農産課も組織の必要性を各方面に働きかけていたが、当時は食料確保ということから、米麦政策が重要な仕事になっており、野菜類までは手が回らなかった。

桜井記者は、生産者、農業団体、県担当者などと話し合いを重ね、51（昭26）年に埼玉県園芸協会の設立にこぎつけた。県庁農産課に事務局が置かれ、桜井記者は埼玉新聞社在籍のまま無給で協会業務に従事し、生産者の出荷相談、共販などの販売改善の指導などに取り組んだ。とくに産地づくり、新しい産地の組織化、出荷規格の改善などに尽力した。

そのなかのひとつが56（昭31）年に結成された「埼玉県いちご連合会」である。埼玉県産銘柄を「埼玉いちご」に統一し、組織的・計画的な共同販売を展開、東京市場で圧倒的な人気を得た。

東京オリンピックがあった前年の63（昭38）年には、同連合会会員数が55出荷組合に増え、「埼玉県のイチゴ栽培面積は全国一になり、東京市場を優占する状態となった」（『埼玉県園芸協会50周年記念誌』）のである。園芸協会は２００１（平13）年11月に創立50周年を迎え、農林公園に「園芸振興之碑」を建立した。碑文の書は土屋知事である。銘板の裏面には、「今や園芸農産物は、本県農業粗生産額の約六割を占める」と記され、三ツ林弥太郎会長と並んで副会長小久保の名がある。小久保は１９９９（平11）年から４年間、埼玉県いちご連合会会長を務めた。２００３年（平成15）年７月には、社団法人埼玉県園芸協会会長に就任する。

蚕糸功労賞を受賞

蚕糸業関係では、埼玉県蚕糸業協会会長を97（平９）年から10年間務め、海外との友好親善にも貢献した。フィリピンから養蚕プロジェクトを発展推進するために、繭検定所の繰糸設備などの譲与依頼を受けた埼玉県製糸協会小林嘉朗会長は無償譲与に尽力し、小久保は県経済連副会長（県蚕糸会館理事長）として協力した。無償譲与の養蚕設備は西ネグロス州バゴ市の製糸センターに設置された。現地の技術者養成、生糸製造に役立っているということで、99（平11）年９月に小林会長と小久保は現地を視察した。州知事や市長から大変な歓待をうけ、小久保が「ニューズウィーク」（フィリピン版特集）の表紙を飾ったほど大きく報道された。

同プロジェクトの成功に対してジャネット・Ｅ・トーレス市長から土屋知事へ感謝の意を表したいと感謝状の伝達を依頼された小林会長と小久保は10月６日に知事公館を訪問、感謝状を伝達した。

バゴ市にある製糸センターを視察。
左から、ジャネット・E・トーレス市長、小久保、小林嘉朗会長

製糸センター設置貢献に土屋知事への感謝状を伝達。
左から、小林嘉朗会長、土屋義彦知事、小久保（99年10月6日）

２００１（平13）年11月1日には大日本蚕糸会功労者表彰が授与された。表彰式は、総裁の常陸宮親王殿下臨席のもとで行われ、小久保は全国の表彰者を代表して壇上に上がり、殿下から表彰状を受けた。

祖父が繭買いをしており、小久保も養蚕組合の桑葉の買い入れを手伝うなど、蚕糸業には深くかかわってきた。蚕糸業は、蚕種から蚕を孵化させて飼育し、仕上げた繭から糸を取り、製糸業者、製織業者にゆだねる。これらに必要なさまざまな技術や、資材や機械を扱う業者など実に多くの人が支えている。

現在、県内の蚕糸業はあまり注目されていないが、かつて比企郡内の農業経済では米麦と並ぶ産業であった。養蚕業は、米麦などの土地利用型作物と違って年に4回の飼育が可能なこと、高齢者や女性の労働力が活用できることなどにより、農家の経済を安定的に支えていた。

そのため県では１９６０（昭35）年に稚蚕共同飼育を進め、養蚕の近代化を目指し、2年後には第一次構造改革事業として稚蚕共同飼育所の建設、桑園などを整備した。

旧川島村農協の稚蚕共同飼育所は中山、八ツ保に各1カ所あった。農林統計によると、飼育規模は中山が１００箱、八ツ保１０００箱で、1箱は3万粒である。70（昭45）年の養蚕戸数は１８２戸、蚕繭量は75トンと記している。

県養蚕業協会は２００６（平18）年3月、県農林部長の井上清氏と杉田勝彦氏が顧問となり、『蚕とともにあゆむ―埼玉県蚕糸業の半世紀―』発刊した。会長の小久保をはじめ9人が編纂委員・編集委員、小林嘉朗氏（県蚕糸会館理事長）が編集委員長を務めた。

上田清司知事が「発刊を祝う」という一文を寄せた。

「県蚕糸業が全国有数の養蚕県で、現在も県北西部を中心に産地が形成され、全国第3位の繭生産量である。（中略）
本県育成の蚕品種『いろどり』を活用し、絹製品の利用促進や、シルクタンパク質セリシンの機能性を活かした新たな製品開発に取り組むなど、県産繭のブランド化と需要拡大による蚕糸業の振興に取り組んでいる」
上田知事の県産物のブランド化に対する考えは、小久保の「米づくり」と同じだと思った。

全農埼玉県本部運営委員会副会長に

各分野で県民の模範となる功績をあげた人を顕彰する埼玉県知事表彰は、毎年11月14日に行なわれる「県民の日記念式典」で表彰される。小久保が「埼玉県知事表彰産業功労賞」を受賞したのは01（平13）年である。

この年に、全国農業協同組合連合会（全農）と都道府県経済連の合併問題があった。県経済連は経営基盤も充実しており、理事のなかには合併する必要はないのではないかという声もあったが、小久保は平野政利5連合共通会長が全農の合併促進委員会委員長であり、時代の要請でもあるなどと説明し、全農との合併に尽力した。「埼玉が合併する」ということになって、急速に各県連合会と全農との合併が促進されたのである。

翌02（平14）年4月1日、県経済連は全農と合併して「全農埼玉県本部」となり、理事会は運営委員会となった。役員の改選も行われ、全農埼玉県本部会長・運営委員会会長は鈴木芳男氏、小久保は同副会長に就任した。

「浅学菲才ながら決意新たにＪＡグループあげて取り組む信頼・貢献・改革の具現化のため、また食糧自給率の向上対策、埼玉農業のさらなる振興のための諸課題に最大限の努力を傾注してまいります」と決意を述べたうえで、運営方針として次の４点を掲げた。

①職場の改革風土、管理意識の改革。

②仕入れ対策の強化とコスト削減を第一に、物流の合理化と農協の支援体制の確立。

③ＪＡ営農指導員の技術指導力を強化し、販売力の強化。

④役職員の機敏な行動力と商品開発。

なお、全農埼玉県本部は、本部長に古谷肇、副本部長に笠原貞男（管理担当）、門倉正（事業担当）、総務部長に成田全可の各氏が就いた。

黄綬褒章を受章

全農埼玉県本部運営委員会副会長に選任された02（平14）年11月、小久保は黄綬褒章を受章した。同褒章は、長い間ひと筋の道を歩み、人々の模範となる人に授与される。地元農協の育成と発展、地域農業の振興、県農協系統組織などの機能拡充、地域行政などに貢献、精励したことへの褒章であった。

「大変名誉なことで、これは組合員の信頼に応えて全力を挙げて使命を果たしてきた結果で、あらためて組合員の皆さんに心から感謝したい。経済連事業では県産米や大豆、野菜を学校給食へ供給するなど地産地消の推進や、環境を考えて無洗米の導入にもいち早く取り組んできた。全農との統合も無事に果たした」と日本農業新聞のインタビューに答えた。

思い返してみれば、三保谷村農協に就職してから、ひたすら農業のために、農家のために、農協のために、働いてきた。営農・共販態勢の整備、カントリーエレベーターを推進して米麦一貫体系を確立し、経済連の彩の米センター精米工場では無洗米とするなど、系統の経済事業を中心にまい進した45年間だった。

受賞祝賀会は翌年3月、土屋県知事をはじめ国会議員、県会議員、農協諸団体代表、行政関係者ら多数が出席して川越プリンスホテルで開かれた。

祝辞に立った土屋知事は、「卓越した指導力と優れた先見性を発揮され、県内農協の営農・経済事業改革に積極的に取り組み、農業生産力の向上と農業経営の安定に寄与された」と業績を評価した。知事にはいろいろ世話になった。それを思うと、感謝に堪えない気持ちで涙ながらに聞いた。

山口泰明衆議院議員は、「持ち前のバイタリティーと経験に裏打ちされた適正な指導は衆目の一致するところです。父親が町長時代に川島町農協組合長として農政の進展に陰に陽にお力添えを頂いたことを、今も懐かしく記憶しております」と山口町長との思い出を披露した。

埼玉中央農協の福島峰雄組合長は、「組合員本位の事業・組織運営を築き、幅広い分野で功績があった」と主に業績を紹介した。

発起人を代表した鈴木芳男全農埼玉県本部会長は、「今後は尊い経験を活かして埼玉農業の発展を導いて欲しい」と大きな期待を寄せた。

高田康男川島町長は、「温厚誠実で飾り気のない人柄と、英邁な見識、抜群の行動力」と衆目が一致する「小久保像」を話した。

小久保は、「この栄誉は私個人の力によるものではなく、長い間私をご指導、ご支援を賜りました皆さまのお陰と感謝しております」と謝意を述べ、次のようにつづけた。

「わが国の経済は高度経済を達成しましたが、農畜産物の輸入自由化、金融の自由化、そしてバブル経済崩壊による経済成長の鈍化とデフレ経済の長期化によって、農業・農協を取り巻く環境はますます厳しさを増しております。

21世紀となり、これからの日本農業、そしてわれわれの農協組織は、新しい姿へ生まれ変る大きな改革の時を迎えております。

私は、この褒章受章の重みを痛切に感じ、『日本農業・埼玉県農業』、そして『わが農業組織』が地域の中で信頼される重要な位置を占め、さらに発展するよう微力ではありますが、誠心誠意、粉骨砕身、滅私奉公の精神をもって努力を続けてまいる所存でございます」

祝賀会はそのほか埼玉中央農協、川島町でも開かれた。

05（平17）年6月、全農埼玉県本部の役員改選で、会長が江原正視氏、小久保が代表理事副会長に就任した。同時に江原氏は埼玉県農業協同組合中央会代表理事会長、小久保は同代表理事副会長となった。

同年11月、「第48回埼玉文化賞（農林部門）を受賞した。埼玉新聞社が制定する同賞は、文化の発展・振興に多大な貢献をした功労者を顕彰する栄誉である。

小久保の黄綬褒章受章記念パーティーで土屋知事（左）と（2001年）

第48回埼玉文化賞受賞（前列中央が小久保。2005年11月）

第6章　青天の霹靂

【偽装・偽証に巻き込まれる】

酪農ヘルパー事業問題

県下の酪農家には家族労働が多い。毎日の搾乳や給餌作業は、正月さえ休むことができない。この点が、野菜栽培農家との大きな違いであり、酪農家の担い手が定着しにくい一因にもなっている。

こうしたことから、農畜産業振興事業団（のちの独法農畜産業振興機構）は2000（平12）年度から、毎日の搾乳や給餌作業などが必要な農家に、労働負担の軽減や、休日確保を推進する「酪農ヘルパー事業」を実施した。

同事業には、「事業円滑化対策」と「利用拡大推進」があり、それぞれに基金を設け、ヘルパーを雇用した酪農農家に補助金が交付されることになった。補助金は酪農ヘルパー全国協会を経由して支払われる仕組みだった。

全農埼玉県本部（古谷肇本部長）は、酪農ヘルパー利用組合を設立し、補助金に加えて生乳等の出荷量に応じて掛け金を積み立て、酪農家の経営を支援した。02（平14）年に酪農ヘルパー事業運営委員会会長に就いた小久保が、その責任者となった。同時に、同委員会委員には、県から畜産安全課長の矢島清司氏が就任している。

05（平17）年12月26日、全農県本部は会計検査院から検査通知を受け、埼玉県畜産安全課に書類のチェックを依頼した。

その結果、帳簿と通帳の口座残高に食い違いがあることが明らかになり、担当職員に事情を聴取すると、ヘルパーを雇用した酪農家に支払う補助金の未払いがあることが判明した。

しかし、この補助金については、毎年数回のヘルパー運営協議会において、支払報告などが監査で認められており、そのあとの総会に報告、承認されている。それが実際には未払いとなっていることに、小久保は我が耳を疑うような思いであった。

全農県本部長と副本部長が、担当職員に事実関係を厳しく問い質すと、補助金が別口座に移され、1円も使われていないことわかった。未払い金は1127万円だった。

なぜ、このようなことが起こったのか、小久保にはまったく理解できなかった。

小久保は補助金を別口座に移すという不可解きわまりないことをする職員に憤りを覚えたが、いちばん迷惑をこうむったのは酪農家である。県の畜産安全課の矢島清史課長指導のもとに、即刻、未払い金を清算するよう指示した。

酪農家から提出されている請求明細書を調べ、別口座に移されていた未払い金を翌年1月15日までに、すべて振り込んだ。会計検査院の検査が始まる5日前には、すべて完了することができた。

会長が「国庫返納」を指示か

会計検査院の検査が1月20日に入ると、その日に全農県本部の門倉正副本部長（事業担当）が「酪農ヘルパー事業の未払い金」について公表した。

▽4年間の未払い金は1127万円、対象農協は延べ18農協。

▽毎年度の決算書はヘルパー事業運営委員会の口座管理担当職員が作成した書類を前提に提出。
▽全農埼玉はJAや農家に「おわびと経過説明」を行い、未払い分については支払いを完了した。
これはNHK夜7時のニュースでも報道された。

その後、「補助金を別口座に移したことが横領と考えられ、会計検査院から返納を求められた」という話を聞いた小久保は、納得できなかった。支払いは遅れたが、事の状況を説明し、ヘルパーを雇用した酪農家には検査前に全額振り込みを済ませているからだ。

同時にこの問題は全農県本部だけの問題ではない。国庫補助事業であるから、検査院が国に返納すべきということは県と協議してからのことであり、県の責任も重大である。

この問題について小久保にはその後何の話もなかったが、酪農家には支払いをしており、その金を国庫に返納しろということは補助金を出さないことと同じである。この問題をうやむやにして解決すべく関係した役職員に拠出させて、国に返納しようと考えたのだろう。

いずれにしてもこの事件は関係する酪農ヘルパー運営協議会会長を会計検査院に面会させず、何の説明もさせず、聞き取ることもなく、関係役職員の拠出を以って国に返納されあっということになる。一方的な解決には本当に国に反応されたのかも不明で、もし国が返納金を受け取ったとするならば、国が補助金を横領したことになり、疑念を残す事件となる。

さらに「返納については関係者が負うべき」ということを聞くと、小久保は懐疑の念がふくらんだ。

なぜならば、会計検査院の検査においては、酪農ヘルパー事業運営委員会会長の小久保に出席の要請がなかったからである。本来なら、責任者である小久保に事情を聴取し、事故が起こった経緯の説明を求めるべきである。小久保には、会計検査委員に事故の経過を説明する機会も、さらに清算は遅れたものの、補助金が全額酪農家に振り込まれている事実を説明する機会も、与えられなかった。

つまり、責任者である小久保に何ら相談することもなく、実態の説明もさせずに、すべてが進められた。また、補助金を別口座に移したことが横領に当たるので国に返納すべきだというのであれば、直接、小久保に言うべきではないだろうか。

どうしてこういう事件が起こったのか、事件に対して関係職員の処分をどうすべきかなど、小久保に事後の組織内の対応について、説明する責任がある。その機会も与えられなかった。

すでにヘルパーを雇用した酪農家に振り込んだ金額を返金させることはできない。それを承知で、全農県本部が返納しろとはどういうことなのか。なぜ、そういうことになるのか。小久保は理解に苦しむことばかりであった。

全農と県本部の隠蔽か

当時、全農全国本部では、様々な事件が起こり、会長が次から次に辞任していた。ここでまた、酪農ヘルパー事業未払金問題が表面化すれば、全農を揺るがすような大変な事態を招くことになる。

それをおそれた全農全国本部埼玉県本部担当の神出元一常務と、全農埼玉県本部の江原正視会長の間で「密約」が交わされ、すべての責任を関係した役職員に転嫁し、会計検査院の要求どおりに返納することで事件を隠蔽し、穏便に済ませるようにしたと思われる。

全農県本部の笠原貞男本部長、門倉正副本部長には、「小久保会長が大変なことになるので、皆さんに協力してください」との因果を含め、関係者に協力を求めた。それを聞いた人たちは、「それならば協力しなければ」ということになった。これで関係者の理解を得たとして早急に返納し、解決するように指示した。こうしたことについて、小久保には何の相談もなかった。

このような処理を考えたのは、全農全国本部の神出元一常務理事の入れ知恵だろう。これでは事件を隠蔽しただけで、問題の解決にはならない。

酪農家は、ヘルパー事業に生乳代から掛け金を出している。しかも補助金の支払いは遅延している。そのすべての責任は全農県本部にある。

それを国に全額返納することで事実を隠蔽し、関係役職員が負担して事を穏便に済ませるということは、許されることではない。むしろ、こういう時こそ県が前に立つべきである。

いずれにしても、酪農ヘルパー事業運営委員会として、全農会長並びに会計検査院長を告訴すべきだと考え、小久保はその準備を進めていた。

ところが、「事件にかかわった関係役職員が返納金を負担した」ということを聞いて、小久保は、訴訟すれば関係役職員にも迷惑がかかると思い、断念せざるを得なかった。

そのうちに笠原本部長名で酪農ヘルパー事業運営委員会会長小久保宛にも返納金額が示された。二百数十万円だった。

酪農ヘルパー事業運営委員会の委員の手当ては、会議に出席する旅費日当だけで、無報酬である。その委員に、職員の不正行為に対して負担させるわけにはいかない。会長として、小久保が、運営委員会の返納額を全額負担した。

こうして運営委員会会長の小久保と、この件にかかわった関係役職員が1127万円を負担して返納し、何事もなかったように事をおさめた。

しかし、このまま済ませるわけにはいかない。この問題は、全農県本部の不手際による不祥事であり、すべて全農県本部と県との間で解決すべきことである。全農県本部の事務的な不祥事として、会計検査院に謝罪し、組織（全農県本部）として処分を行うのが筋である。

会計検査院が補助金の返納を求めているのであれば、まず、酪農ヘルパー事業の責任者である小久保にその旨を通達すべきである。

さらに、酪農家には会計検査院による検査前にすべて振り込まれており、それを返納するとなれば国は補助金を出さなかったことになる。これはどうなるのか。

しかも、返納金の中には、酪農家の掛け金も含まれている。それはどうなるのか。酪農家の個人資産を国が横取りしたことになる。こんなことが許されるのか。

これらが、小久保が全農全国本部会長並びに会計検査院院長の告訴を考えた理由である。

このような処理方法を考えたのは、全農全国本部神出元一常務、埼玉県本部江原正視会長の「保身」であり、断じて許すことはできない。

会計検査院が返納すべしというのであれば、全農県本部が組織として行うべきであり、その後に関係役職員を処分すべきなのである。

当事者である全農県本部畜産酪農部持田守部長と担当の白沢和弥課長は、返納金を負担しただけで、何ら処分はなかった。その後、会計検査院の会計報告書を調べると、当該年度及び翌年度の会計報告書に埼玉県酪農ヘルパー事業の記述は1行もなかったことが明らかになった。返納金はどこへ行ったのだろうか。

不思議な事件であった。お金の行き先が不明であり、明確にしてほしいものである。

「3500万円使途不明金」問題

この酪農ヘルパー事業の問題と併行して、06（平18）年2月28日から3月3日まで全農全国本部の監査が入った。前述の「酪農ヘルパー事業」と、「東松山臓器食品の解散・整理」をめぐるものであった。

東松山臓器食品の解散・整理というのは、屠場の取扱高の減少に歯止めがかからない現状から、県経済連としてはこれからの事業を見据えて廃止・解体を決めた。それにともなう解散・整理である。

同社は、豚牛の頭・内臓等を処理し問屋や焼き鳥店（東松山は焼き鳥店が多いことで有名）へ販売しており、屠場が廃止されれば業務がなくなるから解散は必然であった。資本金は、県経済連が半分を出資し、残りを商系畜産業者18社で、株主数は19であった。島村和夫氏が社長を務め、畜産業者を代表して大野丑造肉店社長が専務となり、日常業務を統括していた。小久保は非常勤取締役会長として月に2，3回、業務の計算書類の確認と役員会に出席していた。

01（平13）年8月6日に解散総会を開き、解散が決まった。清算人には大野丑造専務がなり、島村和夫社長と石井会計事務所社長が解散にともなう処理業務を担当した。

解散については、県経済連を含めた全株主からはいっさい反対がなく、全株主に出資金の倍額を戻すことができ、むしろ大変喜ばれた。

解散役員会も滞りなく終わり、株主総会及び県経済連理事会でも承認された。法務局や税務署などに提出する諸書類もきちんと整えられており、法的に何ら問題はなかったのである。

ところが、5年後の06（平18）年2月になって、行政関係の地方新聞が「３５００万円の使途不明金がある。小久保が使った」というような内容の記事を書き、それを小久保の自宅周辺にまいた。

事実無根、濡れ衣もはなはだしいと思った小久保は、「どこに証拠がある」と問いただすと、２人の記者は「全農全国本部の監査が入る。資料をもっている」と、まるで小久保が不正したかのように悪態をついた。

「オレは自分で飲んだ酒の1杯、焼き鳥1本、伝票を回したことはない。1円たりともやましいことはない」と強く抗議した。

なぜ、こうした怪情報が出るのか。

全農と県経済連が合併したのは02（平14）年4月1日。東松山臓器食品の解散は、全農と合併する前にすべて完了している。同社の解散は、屠場の土地売却を含めて解散総会ですべて承認され、登記も済んでいる。

しかも清算人は小久保ではない。株主の多い商系の大野丑造専務である。どうして小久保が使途不明金を使ったといえるのか。まことに不可解、小久保を陥れるために仕組まれた罠だと思った。

全農全国本部の監査ともなれば、全農県本部運営委員会の誰もが異議を申し立てることができない。絶対的な全農の権力に目をつけた策略ではないか、と思った。

このままでは「使途不明金の不正使用、横領」という汚名を着せられてしまう。何とかしなければと思っているうちに、全農全国本部の監事から、呼び出しがあった。

「臓器食品の屠場の土地売却に関わっていましたね。ずい分安い価格で売却されていますね」

「とんでもない。私は、土地の話には一切かかわっておりません。入札価格が決まったという報告を受け、言われるように私も安いと思いましたので、これは認められない、再度入札するよう指示し、落札された価格です。地価は屠場の跡地のため安いということを解ってください。それでも最初の価格よりずい分上がっていると思います。よく調べてください」と強く抗弁した。

その月の全農県本部運営委員会では、全農全国本部からの監査報告があった。小久保が、「屠場の入札価格はもちろん、金銭的なことで後ろ指をさされるようなやましいことは一切ない」と発言しても、運営委員は聞く耳を持たなかった。全農の監査を全面的に信用し、事実はどうなのか、真実を問う運営委員は、誰ひとりいなかった。議長（全農埼玉県本部江原正視会長）は、「どう責任を取るのか」と、小久保に責任を迫った。怒りを覚えたが、すでに「小久保排除」がすすんでいることを悟った。

たとえ小久保に正義があろうと、ここで抗えば、これまで命をかけてきたＪＡ運動に混乱を招く。そのようなことは決して起こしてはならない。小久保は歯を食いしばって自重した。

先の厚生連幸手病院の時も民事再生法の適用も考えられたが、農協事業に与える影響が極めて大きくなるという判断のもとに経営改善資金の拠出となった。小久保は小久保個人より組織を守ることを選んだ。

　この問題は全農会長、全農監査室長、全農埼玉県本部の運営委員も一蓮托生で、明るみになれば大きな事件となる。訴訟を起こせば勝訴は確実である。そんなことになれば、世間を騒がせ、たとえ小久保が勝訴となっても何の得にもならない。

　小久保は、農協の発展のためにも辞任することが後々小久保の名誉になると信じて辞任したが、その真相は必ず自分自身で明らかにすることを誓った。全農全国本部の監査報告で言われたようなことは神に誓って、ない、何らやましいことは一切ない。

　ただ、酪農ヘルパー事業では、組織にも、そして埼玉県、さらに酪農家にも全農に対する信用を失墜させ、大変迷惑をかけた。誠に申し訳ないと頭を下げ、辞任を決意した。「どんなことでも最後は責任をとる」と言ってきた小久保は「責任を取ることが責務」と考えたのである。

　このとき3人の職員が定年を待たずに退職した。彼らに何ら責任はない。私をよく支えてくれ、むしろ感謝の気持ちでいっぱいだった。胸が締めつけられるような思いだった。

抜き取られた決算書類

　それにしても不可解な点が多い。小久保は、真実を明かすために、辞任（5月31日）した後に、全農全国本部に内容を確認することにした。

そこで分かったことは、屠場の土地売却の入札価格ではなく、東松山臓器食品の解散に伴う書類の不備だった。「貸借対照表はあるが、損益決算書がない。そのため使途不明金ということになったのでしょう。あなたが抜き取ったのではないですか」と言わんばかりだった。

損益決算書は貸借対照表の支出の明細を記入したもので、まさしく使途不明金といわれた3500万円の支出内訳が記されている。株主に戻した出資金、役員退任慰労金、解散総会の経費、関係者への記念品代、社員慰労費、役員研修費、畜産慰霊碑及び永代供養代などで、これらの算出はすべて島村社長、大野専務、石井会計事務所の3者がまとめたもので、小久保はいっさい関与していなかった。1円たりとも使えるものでも、また使ったこともない。

小久保が使ったということのようだが、そんなことができるはずもない。損益計算書を抜き取ったと思われているようだが、そんなことができるわけもない。すべて小久保の手を離れたところで、事務的な業務として粛々と行われたのである。

第一、損益計算書を含めて関係書類一切が整っていなければ、株主総会や県経済連理事会で了承されるはずがないのだ。それがない。なければ会計上は使途不明金となり、全農全国本部が疑問を持つのは当たり前である。事実をはっきりさせなければならない。

「どこの書類ですか」

「埼玉県本部からの書類です」

「会社の清算に関わる一切の書類は大野丑造という清算人が持っています。その書類を精査してください」。全農全国本部の神出元一常務は、「えっ」とでもいうような怪訝な顔をした。

損益計算書を抜き取れるのは、江原正視 全農埼玉県本部会長か、笠原貞男 本部長、門倉正 副本部長、岡部勇 企画管理部の役職にある者だと考えられる。全員が江原会長の地域である。

報告させなかった江原会長

7月になっても全農全国本部から連絡がなかったので、小久保は再び問い合わせた。

「調査の結果、すべての書類が整っていました。小久保さんに、何ら法的に違反する事実はありませんでした。本当に申し訳ないことをしました」と言って電話を終わらせようとしたので、後日伺うと言って電話を切った。

真相を訊ねるべく全農全国本部を訪ねると、「何とも申し訳ありませんでした。この件はこれで終わりにしてください」と、全農全国本部の神出元一常務は頭を下げた。

「申し訳ない」で済まされる問題ではない。小久保にとっては、信用問題なのだ。これまでのことが怒りとなった。

「これで済ませるつもりですか。あなたの立場としては、これで済ませることで評価されるだろうが、私にとっては申し訳ないで済まされるような問題ではない。信用問題、名誉の問題なのだ。私は50年、農協運動ひとすじに生きてきた。全農にはあらゆる事業や仕事でも成果をあげてきたつもりだ。とくに全農と県経済連の合併問題では、各県が埼玉の状況をうかがっており、なかなか進まなかったが、私が埼玉の合併を決めると、各県が前向きとなり、合併の原動力ともなったはずだ。ずい分貢献してきたという自負がある。誇りも持っている。その私の名誉、信用を誰が補償してくれるのか。このまま終わらせたら、私は生涯、いや末代まで汚名を晴らすことができない。あなたが言うように何ら法的に問題がないのであれば、それこそ許しがたいことだ」

小久保が語気強く詰め寄ると、「分かりました。来月行われる全農埼玉県本部運営委員会において、委員の皆さんに説明し、法的に何ら違反することはなかったいうことを報告します」と約束した。

しかし、約束の8月に報告されることはなかった。再び全農全国本部の神出元一常務に面会を求め、8月28日に浦和ワシントンホテルで面会した。報告されなかった理由を訊ねると、

「誠に申し訳ありませんでした。この件については、これ以上のことは何も言えません。これで終わりにしてください」。深々と頭を下げられては、話が前にすすまない。

小久保は、これまで埼玉のＪＡグループと争いを起してまで表に出そうとは思っていなかったが、「３５００万円使途不明金」については不可解なことが多く、濡れ衣を着せられている。これは絶対に晴らさなければならない。

黒白をつけるために告訴すれば勝つことは明らかだったが、告訴となれば全農県本部会長はじめ運営委員の辞職だけでは済まされなくなる。ＪＡグループ埼玉の信用失墜にもなりかねないと考えたから、隠忍自重してきたのだ。

しかし、このままでは何らやましいことがない無実の小久保が、人が良いばかりに、濡れ衣を着せられたままになってしまう。しかも、真実が闇に葬られてしまう。これはとうてい納得できるものではない。それも知らずに「これで終わりにしてください」とは赦しがたい。

「真実を闇に葬るというのであれば、全農県本部だけでなく、全国本部の柳沢武哉会長まで責任問題になる。あな

た神出元一常務も全農監査室も一蓮托生だ。これから帰って全農全国本部会長、埼玉県本部会長ら関係者を相手取って告訴に踏み切る。取り返しのつかないことになりますよ」

「待ってください。何とも申し訳ありませんが、告訴だけは絶対にやめてください」と何度も頭を下げた。小久保が腹を決めたことに追いつめられた全農神出元一常務も覚悟を決めたのか、「実は」と告白を決意した。

「実は、埼玉県本部江原正視会長の指示で進めてきたもので、会長から報告する必要がないと言われて報告させてもらえなかったのです」

「報告する」という約束が果たされなかったのは「会長がさせなかった」ということが明らかになった。

これで小久保に対する「追い落とし」の内実がはっきりと見えた。しかし、内実が見えただけで、小久保の信用、名誉が回復したわけではない。どこまで侮辱したら済むのか、腹が煮えくり返るような思いだった。

小久保は、「罷免」されれば、事実を明白にするために、告訴するつもりであった。告訴となれば真実が白日の下にさらされる。江原正視会長にすればそれだけは絶対に避けたかったのだろう。

そこで、江原正視会長は、策略をめぐらし、全農全国本部の監査という策略でもって小久保が「辞任」するように仕向けたのだ。

江原正視会長と小久保とは同い年である。農家・農協のために取り組んできた小久保と違い、江原正視会長は51(昭36）年に埼玉県農業協同組合中央会に入った。主に監査畑を歩み、２００５（平17）年に埼玉県農業協同組合中央会会長・５連共通会長になった。「その次は小久保」というのが大方の見かただった。

江原正視会長には恨みも妬みもない。むしろ失ってはならない男だと思い、江原正視氏がらみの問題があったとき、各方面にあらゆる手立てを尽くして不問にしたこともあった。恩義こそ感じていい男が……。はじめて人間の表と裏を知った。

小久保は、全農全国本部神出元一常務を困らせることが目的ではない。「9月の運営委員会で必ず報告する」という約束を取り付け、その場を辞した。

運営委員会は9月19日に開かれ、全農神出元一常務は、「全農埼玉県本部運営委員会で、何ら法的に違反された事実はないと報告されました」と連絡してきた。

数日後、小久保は全農埼玉県本部に出向き、運営委員会議事録を閲覧し、発言通りに記録されていることを確認した。

この2つの事件は作られた罠だと考えた小久保は、一度は告訴も考えたが、自分自身で解明していくと心に決めた。告訴をすれば勝訴することは疑いがなかったが、勝訴しても残るのはJAグループという組織の信用失墜だけである。ここは小久保が隠忍自重し、そして自らの決断と実行で必ず真実を明らかにすべきだと決意した。それが穏やかな解決する道だと考えたのである。その通りの結末となったことで、小久保は思い切り大きく両手を挙げて胸を張った。

組合長の「罪」と「罰」

全農埼玉県本部運営委員会委員は各郡組合長会会長が務め、比企郡は埼玉中央農協組合長がなり、「3500万円問題」があったときの組合長は中村正氏である。

ところが、中村組合長がとった態度は、組合長として理解に苦しむことばかりであった。

全農県本部運営委員会で「３５００万円」が議題になったとき、ほかの委員からは何ら発言がなかったと聞いている。県本部の江原会長に忖度したのか恐れたのか、埼玉中央農協組合長の中村組合長は内容を聞くこともなかった。「きょうはじめて聞きました。小久保さんに話を聞いてみますから、少し時間をください」「小久保さんに事実を確認したい」とひと言あってしかるべきだろう。それが比企郡選出の運営委員、埼玉中央農協組合長としての責務であるからだ。埼玉中央農協理事や組合員に説明する義務がある。

その後の運営委員会で「法的に何ら問題がない」と報告されたとき、中村組合長は小久保に「運営委員会で法的に問題がないと報告がありました。小久保さんの濡れ衣が晴れました。本当によかった。運営委員として力になれず、申し訳ありませんでした」というような連絡があってもいいのではないか。

埼玉中央農協組合長として臨時理事会を開き、報告するくらい重要な事案であるにもかかわらず、定例理事会でも一切、報告することはなかった。

全農県本部運営委員会で報告があった9月の埼玉中央農協定例理事会は28日、10月は27日に開かれたが、いずれも議事録に小久保に関する記載はなく、この年に開かれた定例理事会の議事録でも一切ない。中村組合長はその責務を果たさず、放棄した。

中村組合長は埼玉中央農協に対する報告義務を、どう考えているのだろうか。これでは埼玉中央農協の役員、組合員に、小久保がなぜ辞任したのか、まったく理由が分からない。あたかも「小久保の不正」だけが事実のように残ってしまうではないか。

中村組合長がその責務を果たしていないのは、小久保の名誉毀損はもちろん、埼玉中央農協の役員、組合員に対する背任行為である。中村組合長の責任はきわめて大きいといわざるをえない。

中村組合長がとった一連の行為をみると、埼玉県農業協同組合中央会・5連会長の江原正視氏の「指示」があったとしか思えない。そう信じるにたる確証がある。

「3500万円の使途不明金を小久保が使った」と書いた記者2人が「関係者を回っていろいろ聞きましたが、みんな一様に、小久保さんはそんな人ではない、会社のために一所懸命尽くしてくれた。どこが悪いんだ。追い落としにあったんだ、むしろ犠牲者だと、逆に怒られました」と謝罪に来た。訂正記事を要求したが「それだけは勘弁」と言って帰っていった。

記事の訂正がないまま、さらに中村氏が埼玉中央農協組合長としての責務をまったく果たさないことによって、「小久保の不正」と思っている人が少なからずいるのは、事実だ。

中村組合長の意図的な背任行為が、小久保に「不正」という汚名の重い十字架を背負わせたのである。故意に社会的制裁を加えた罪ははなはだ重い。罪は償わなければならない。その重さを考え、罪を償うべきである。

後日、小久保は全農埼玉県本部に出向いて議事録を閲覧し、発言通りに記録されていることを確認している。

ＪＡ全中特別功労表彰を辞退

話はさかのぼる。酪農ヘルパーの未払い金処理に忙殺されていた1月9日、小久保に全国農業協同組合中央会会長の特別功労表彰が発表された。同賞は農協人にとって最高の栄誉である。埼玉県でも数人が受賞しているにすぎない。

発表があった4日後には、全国農業協同組合連合会経営役員会の柳澤武治会長から「農業協同組合特別功労表彰の受賞をお祝い申し上げますとともに今後ますますご健勝にてご活躍のほどお祈り申し上げます」という祝電が届いた。

ＪＡ埼玉県中央会・連合会会長の江原正視氏からは、「この度は、栄えある全中農協特別功労表彰、誠におめでとうございます。長年にわたる貴兄の農協運動と地域産業における功績が認められたものと深く敬意を表します。今後ともますますご健勝でご活躍されますようお祈りいたします」という祝電をもらった。

そのほかホクレン枳穀勝久代表理事副会長、群馬県中央会奥本功市会長、同副会長松本博、ＪＡ山形県五連遠藤芳雄会長、全農埼玉県本部古谷肇本部長、共済連埼玉県本部渡辺勝也本部長、県信連経営管理委員会市川俊一会長、同代表理事坂本正巳理事長、全国農協観光協会天野征男会長理事、家の光協会池端昭夫会長らからも祝電が届いた。

表彰式は3月上旬である。小久保は断腸な思いだったが、「組織に迷惑をかけた。申し訳ない」という考えから、辞退することにした。

小久保はそういう男なのである。

第７章　米のブランド化への道

「川越藩のお蔵米」は文化放送でも宣伝。
左から、小俣雅子、小久保、吉田照美

川島町産ブランド米「川越藩のお蔵米」を持って県庁訪問
（左から、宇津木お蔵米推進協議会事務局長、道祖土副会長、
内野会長、上田知事、小久保名誉会長、千野ＪＡ埼玉中央農協組合長）

【イネの新品種開発】

「さきたま姫」と「彩のかがやき」でも尽力

1900（明33）年に創設された埼玉県農林総合研究センターは、イネなどの新品種の開発と育成、効率的な生産技術の開発、農作物の品質保持などの試験研究を行っている。

イネの新品種開発は〝地域ブランド米〟としての誇りであり、センターの夢である。品種の違う種子を交配して雑種をつくり、それを何年も交配して遺伝子的に固定し、その種子を繰り返し生育させ、栽培土壌や肥料などの課題を試験研究している。新品種が誕生するまでには10年以上かかるといわれている。

センターは98（平10）年、新品種「さきたま姫」を誕生させた。初めて誕生した県産米である。しかし、食味が芳しくなく、販売1年で中止となった。

販売中止となれば、種子の残量問題が残る。イネの品質保持には、農家の自作種子では難しく、農協が正規の種子として管理するようにしなければできない。販売中止となれば、翌年の栽培がなくなるから、栽培のために残した種子をどうするか、これが種子の残量問題である。

米麦改良協会会長でもあった小久保は、数千万円という種子の残量経費の捻出に頭を悩ませた。県農林部に一部助成を要請したが、援助を受けることができず、協会理事会の理解を得ることが使命となった。

種子の符号残量処理積立金制度があり、積立金は毎年予約数量と供給量が一致することはなかった。不足をすることはまれで、残量が発生することが多かった。このため積立金の取り崩しが多く、積立金の額ではとても補てんする余裕がなかった。ほかにいくつかの積立金があり、それを充当すれば充分賄える額があった。小久保はそれらを取り崩して処理することを考えたが、理事会では「整理」という方針をとった。

「整理という大英断があり、多くの人の協力があって処理することができた」と振り返っている。

一方、小久保が本部長を務める埼玉米販売促進対策本部では、県産米を「拍手活彩米」という愛称を付けてＰＲしていた。「さきたま姫」が販売中止となったことで、翌99（平11）年には大々的に展開することにした。

「拍手活彩米」を広く県民に知ってもらおうと、浦和レッズの小野伸二選手を2年連続起用し、ユニホーム姿の写真と、直筆の「コメで勝負」のキャッチコピーをデザインしたポスター６０００枚を、農協など県内約５００カ所に掲出した。

県産米「拍手活彩米」のPRには浦和レッズの小野伸二選手を起用

【県産米「彩のかがやき」】

土屋知事が命名

「さきたま姫」誕生の頃は、県産米の生産の主流はコシヒカリ、キヌヒカリ、朝のひかり、むさしこがねであった。そのなかで県独自の新品種「さきたま姫」が誕生したのだから、各方面からの期待も大きく、県をはじめ埼玉県経済連も総力をあげ、生産・販売に取り組んだ。ところが前述のような結果となってしまった。

しかし、この時すでに県農林総合研究センターでは、「さきたま姫」の次の新しい県産米奨励品種として、母親「祭り晴」(愛知92号)、父親「彩の夢」(玉系88号)を交配した新品種を選んでいた。「祭り晴」は食味の良いコシヒカリ系統、「彩の夢」は病害虫に強いササニシキ系統である。

92(平4)年に交配した種子の中から、病害虫に強く、食味の良い株だけを選抜してセンターで育成し、その後農協が協力して農家が試作する。この期間は短くても10年以上かかる。

このときに活躍したのが、農林部経営普及課長だった下地浩氏と小久保である。下地氏は、伝習場(現・農業大学校)の後輩で、東松山農業改良普及所長として勤務したころから親交を深め、埼玉の農業について情報を交換し、たびたび議論していた。

小久保は下地氏に、「埼玉にも奨励品種が必要だ。下地君の出身の沖縄では米が二毛作、三毛作だ。埼玉なら10年以上かかる新品種育成もその半分ほどでできることになる。やってみないか」と話したことがあった。

土屋知事が沖縄県農業試験場名護分場を視察、
知事が同場で生育している新品種種米を「彩のかがやき」と命名

「県産ブランド米を誕生させたい」という小久保の熱い思いが、下地氏の心に火を点けた。小久保が県経済連副会長になった97（平9）年になると、下地氏も農林部次長に昇進しており、沖縄の伝手を頼って沖縄県農業試験場に話す。島袋正樹場長（農博）も下地氏の熱意に心を動かされ、新品種（母親祭り晴、父親彩の夢）の生育試験の協力を取り付けた。

それから4年後、沖縄サミットが開かれた翌年の２００２（平14）年7月、全国知事会が沖縄で開かれ、会長の土屋知事が出席した。

それに合わせて沖縄で農協組合長会連合会役員会研修会が開かれ、小久保も参加していた。研修会出席は、沖縄県農業試験場で生育試験が行われている新品種を視察する目的もあった。

知事会終了後の翌日に、土屋知事は試験場名護分場に視察に行き、輝くように生育している新品種のイネをみて「彩のかがやき」と命名した。

翌年3月4日に品種出願し、その後に県内各地で試作が実施され、市場に出回るようになったのはそれから2年後である。

「下地さんと小久保さんの活躍がなかったら、彩のかがやきは誕生しなかった」と、多くの関係者が口をそろえているのは、こうした秘話があるからだ。

ブランド化は上田知事

土屋知事が命名した「彩のかがやき」の評価は高かった。病害虫（縞葉枯病、穂いもち、ツマグロヨコバイ）にも強く、農薬を減らしても安定した生産ができる特長を持っている。

コシヒカリの早生に対して「彩のかがやき」は晩稲である。収穫時期がずれるので農作業の平準化が可能となり、稲作農家にとって魅力的な品種である。

県農林部と農林総合研究センターは、彩のかがやきの育苗、移植、施肥、雑草管理、病害虫防除、水管理、収穫、乾燥調製など詳細な栽培指針を設け、安定した生育と品質の保持に取り組み、農協を通じて穂肥、出穂期予定時期、収穫時期の目安まで示して栽培を推奨した。

また、食味指標である食味値も80を超えている。食味値は、米に含まれるアミロース、タンパク質、水分、脂肪酸の成分量を食味計で測定、総合的に評価する。一般的に80以上が「おいしい米」とされる。

県農林部が「埼玉県産のブランド米にしたい」と考えるのは当然である。そのため農林部に米づくり改革支援室を開設、初代室長には後に農林部長になる海北晃氏が就いた。

03（平15）年8月の知事選に初当選した上田清司知事は農林部の説明を聞くと、「彩のかがやきをブランド化しよう」と知事自らイベント会場に積極的に出かけるなど宣伝役を引き受けた。

県下に多くの店舗を展開している「ベルク」での販売を決めたのも知事だった。安定的な定量供給という条件がついたが、知事の肝いりということもあって、全面的に協力することになった。

当時の農林部長である杉田勝彦氏（前・埼玉県浦和競馬組合特別顧問）は「県では知事を先頭に農林部、農協団体では小久保さん、そしてベルクなどの流通が三位一体となって、彩のかがやきの普及推進体制が整い、みんな熱気にあふれていた」と当時を懐かしく振り返る。

彩のかがやきは土屋知事が名付け親、上田知事が育ての親だが、埼玉県産ブランド米として普及を支えたのは農林部と、小久保を中心にしたＪＡグループであった。それは彩のかがやきの買入価格における小久保の英断が物語っている。

買い入れ価格アップを実現

彩のかがやきを普及させるには、集荷量を増やすことが必要である。県農林部は、全農埼玉県本部運営委員会副会長の小久保のところに、何度も集荷価格の検討を要請した。買い入れ価格が上がれば集荷率アップにつながるという考えからだ。

運営委員会事務局は「いまでも限界なのに、60キロ当たり500円も支出となると赤字になってしまう。難しい」という考えだった。農林部と事務局は交渉を重ね、何回か運営委員会も開いたが、結論が出なかった。

「集荷が始まらないうちから、赤字とは何ということだ。やる気があるのか、ないのか。最後まで売り通すという覚悟がまったくない。売りつくすことに努力してほしい。赤字は集荷・販売が終了した時点で考える」と小久保は事務局を叱咤激励した。

運営委員は、「赤字になるのは困る」と買い入れ価格アップに難色を示していたが、小久保の熱意に動かされ、全員が60キロ当たり500円の追加支払いに応じることに変わった。

小久保の熱意と決断があって農家からの出荷が順調に進み、農林部は安堵した。

新たに総額5000万円が必要になったが、職員の頑張りがあり、赤字にならなかった。集荷対策は成功した。これについて、杉田元農林部長は次のような感想を述べている。

「JAとしては経済的負担になる購入価格の値上げは、小久保さんがいたからできたことで、小久保さん抜きには考えられなかった。小久保さんは県、県民を考える私たちの立場をよく理解され、俗な言い方をすれば顔を立ててくれるような方だった。小久保さんの軸足はいつも農家にあり、農家が良くなればいいという思いの強い人でした」

小久保は、彩のかがやきの普及促進に水を差すようなことはしたくなかった。県産米ブランド彩のかがやきは、ある意味で小久保の思いと下地氏の努力によって誕生した品種だからである。

こうして彩のかがやきの作付面積も拡大し、販売量も増え、生産・集荷・販売という好循環の環境が整っていった。そして県民がおすすめの県農産物をインターネットで投票する「埼玉ブランド農産物総選挙２０１７（県など主催）で、県産ブランド米（彩のかがやき）が二度目の一位に輝くなど、不動の人気を呼んでいる。

「埼玉の農家を守ろう！」

「粒張りが良く、おいしい」と喜ばれた彩のかがやきを、ＪＡと県では統一の栽培指針を作成、栽培講習会などを通じて食味米としての維持をはかった。消費者からの支持も高まり、単一銘柄の埼玉ブランド米として、県内の多くの量販店で販売されるようになった。

その彩のかがやきが危機に見舞われたことがあった。米粒に白い筋ができる「白未熟米」である。この危機を未然に救ったのも小久保だった。

イネは、植物としてはつよいが、実りには天候や水が大きく影響し、きわめて繊細な植物である。また、品種としての強みもあれば弱点もある。彩のかがやきは何年かすると暑さから、白未熟粒ができる弱点があった。

10（平22）年の夏は9月中旬をすぎても猛暑日が続き、白未熟米が発生した。

米の等級は、玄米で1等から3等、規格外に格付けされる。これは食味を評価したものではなく、いわば米の外観にすぎない。白未熟粒となっても食味にはまったく影響しないが、規格外米とされる。

ベルクでは、「埼玉の農家を守ろう！」をスローガンに規格外米となった彩のかがやきを店頭に並べて積極的に販売したりした。

翌年の3月11日に東日本大震災が発生した。田起こしが終わり、籾まきが始まる矢先だったが、この年は各農家が対策をとったことで、作柄は1等米比率が平年並みとなった。

ところが、翌12（平24）年の夏も高温で、関東農政局10大ニュースの4位に「夏場の高温・渇水により農作物に高温障害等が発生」という年であった。

稲作農家から「3等米にもならない。規格外米になりそうだ」という声が出始めた。規格外米は市場価格が低いから、栽培農家は大幅な減収が予想される。農家はもちろん、ＪＡ、県としても大きな損失は必至の情勢だった。

小久保は、全農埼玉県中央会副会長などの要職は離れていたが、川越藩のお蔵米推進協議会会長として、この事態を見過ごすことはできなかった。

農家が困るとなると、小久保は自分のもっているすべてを捧げる。

「彩のかがやきを売る戦略を立てよう、味に変わりないことを訴える消費拡大運動を展開しよう」と思い立ち、行動を起す。危機のときの小久保は「推移をみてから」と悠長に構えることはない。

上田知事を先頭に「埼玉の農家を救おう」

小久保が考えたのは「農協団体はもちろん、知事に先頭に立っていただき県挙げての消費拡大運動を展開する」というものであった。

運動の展開には宣伝、メディアの力が必要になる。小久保は10月1日、精米した白未熟米を持参して埼玉新聞社に丸山晃社長を訪ねた。

「味はまったく変わりません。知事やＪＡグループの各連合会に話していただき、メディアの力で県を挙げた消費拡大運動を、何とか一日も早く展開できるよう力を貸してほしい」と懇願した。

丸山社長は「埼玉の農家を救おう」と新聞販売組合に話し、埼玉新聞をはじめ各紙に「彩のかがやき販売キャンペーン」のチラシ１８０万枚を無料で折り込んだ。

また、埼玉新聞では自転車40台を用意し、彩のかがやき購入者には抽選でプレゼントするなど販売拡大運動を展開、支援した。

読者からは大きな反響を呼び、「どこに行けば買えるのか」などといった問い合わせが殺到し、薬局薬店まで置かれるようになったのである。

一方、ＪＡ埼玉県中央会は10月13日、「過去に例のない米被害が予想される」として独自の対応策を発表、県も11月9日に「新米検査（５日）で規格外米が約5割の１９５トンに上る」と予想した。

上田知事は県内のあらゆる商工団体に販売協力を要請するとともに、自身でもスーパーなどに販売協力を頼んで回った。県を挙げての消費拡大運動が展開されたことで、白未熟米は規格外米となったが、精算金1俵（60キロ）１４７５円をつけてＪＡ米1万１２００円とそん色のない価格で販売でき、翌年3月までに完売することができた。

上田知事の取り組みはもちろんだが、「埼玉の農業を救おう」という埼玉新聞社の丸山社長の強い思いが県を挙げての消費拡大運動になった、と小久保は思っている。

小久保から白未熟米の話を聞いた丸山社長の行動は迅速だった。前述したように、県内の新聞販売組合を通じてチラシ180万枚を無料で折り込み、埼玉新聞では自転車40台を提供するなど、「丸山社長が陣頭に立って消費拡大運動を展開していただいたことで白未熟米を完売することができた」と小久保は丸山社長の果断な行動を称賛、今でも感謝の念を忘れていない。

また埼玉の農協、農家に目を向けている丸山社長は「農協の直売所が開設されると埼玉新聞でいちはやく取り上げてもらい、その後は県下の直売所紹介の紙面を長期にわたって設けるなど農協・農家の発展を積極的に支援していただき励みとなった」と言う。

白未熟米発生の年の埼玉県の品種別作付面積はコシヒカリ39％、彩のかがやき33％、キヌヒカリ15％、その他13％である（米穀安定供給確保支援機構の作付面積による）

彩のかがやきは10アールにも満たなかった試験栽培から、現在では6000ヘクタール前後に広がっている。早生のコシヒカリ、晩稲の彩のかがやきと組み合わせ栽培して、収穫時期が集中しないようにしている大規模農家もある。県知事を先頭にした県とJAグループ、そして農家が一体となって普及推進している彩のかがやきは、県産米として大きく育っている。

【川越藩のお蔵米】

始まりは減反・転作政策

「川越藩のお蔵米」は、全国にその名が知られている地域産ブランド米である。その誕生には減反、転作政策に対する小久保なりの戦略・戦術があった。

米などの主要食糧の生産・流通・消費は、戦前の１９４２（昭17）年に制定された食糧管理法により政府が一元管理していたが、60（昭35）年になると生産者価格が生産費・所得補償方式になり、9年後には自主流通米がスタートした。

食糧管理特別会計の赤字縮小、流通経路の合理化が目的で、集荷業者（農協）が直接、卸業者に流通できることになった。88（昭63）年には自主流通米が政府買入れ量を上回った。ちょうど昭和の終わりと重なっている。

こうした米の流通の変遷のなかで減反政策が始まり、71（昭46）年度から休耕水田などを中心に生産調整が行われた。2年後に起こったオイルショックと米国の大豆不作から、食料とエネルギーは安全保障の重要な構成要素と位置付け、政府は減反から転作に舵を切った。農作物で足りないものを生産し、輸入量を減らして外貨を節約するという政策である。

転作政策は78（昭53）年から始まった「水田利用再編対策事業」で、農協を中心に集団的土地利用調整を行い、米に麦や大豆、飼料作物を栽培することで水田の高度利用を目的とした。

転作面積は、生産者・生産者団体の主体的な取り組みで割り当てられ、市町村・都道府県間で調整することになった。転作面積の目標を達成すると国から補助金があり、達成しない市町村には農業に関する補助金はむずかしかった。

比企郡の場合、川島町が転作面積の目標を超えれば、比企郡全体の転作目標を達成することができた。川島町の転作達成率がずっと103、104%と100%を超えていたため、比企郡全体の転作目標を達成していたのである。比企郡における転作は、川島町の貢献が大きかった。

売れる米＝うまい米の推進

小久保は川島町の転作率100%超えを指導、尽力するとともに、「米づくりを続けていく道」をはっきりと描いていた。

将来にわたって農家が安心して稲作を続けられるようにするには、転作100%を実現し、さらに「売れる米＝うまい米」づくりを目指し、農協がその仕組みをつくること。これが小久保の描いた構想である。

食生活の多様化がいわれて米の消費量が少なくなり、稲作農家の経営基盤は揺らぎ始めているが、日本人の主食は米が主流で、その位置は揺るぎない。

「うまい米＝売れる米」であれば、農協としても通常価格より高く買い入れることができ、高く販売できる。農家としての「米づくり」の使命を果たせるとともに、農業人としての「誇り」「喜び」ともなる。

安全・安心、おいしい米であれば、需要はある。だから、付加価値の高い米をつくれば農家は豊かになる。これが時代のニーズだ。

小久保のいう「うまい米づくり」は、生産者としての意欲、おいしい米を食べたいという消費者ニーズにもかなう。生産者と消費者が「ウイン・ウイン」の関係になる。

「米づくり環境は、時代とともに大きく変わっている。これからは消費者が求める米をつくらないと米づくり農家は生き残れない。うまい米をつくる以外に稲作農家の展望はない。転作１００％を条件に、安心・安全、おいしい米づくりを目指したのが、川越藩のお蔵米なのだ」と小久保は言う。

3品種に決める

農協として、ＪＡの認証米や契約栽培米よりも高く買い入れるには、農家が「うまい米づくり」に取り組み、それを農協が買い入れる体制づくりが重要になる。このことを川島町農協営農課長の岡部登一氏はよく理解していた。

「川越藩のお蔵米　夢とロマン川島の米」と印刷した名刺を作り、各方面に配って「うまい米づくり運動」を積極的に取り組んでいた。

岡部営農課長の話では、「川越藩のお蔵米」というネーミングは「川島村農協の初代経済課長だった岡部勇氏が名付け親」で、岡部勇氏の自宅前にお蔵米の保管蔵があったことから、名付けたという。

川島にふさわしい、なかなか良いネーミングだと思った小久保は、岡部勇氏に名付け親としての感謝状を贈るとともに、「川越藩のお蔵米」を川島産のおいしい米のブランド名にすることにした。

また、岡部営農課長は、小久保の構想をよく理解しており、カントリーエレベーターをうまい米づくり運動の中核施設に位置付け、扱う米は3品種にするという考えをもっていた。小久保は大賛成である。

その頃、収穫量が多いムサシコガネが広く栽培されていた。農協としては捨てがたい品種だったが、食味に課題があった。そのため、カントリーエレベーターが扱うのはコシヒカリ、キヌヒカリ、アサノヒカリの〝ヒカリ3シリーズ〟に決めた。反発もあったが、「カントリーがうまい米づくりの核」ということをよく理解してくれた。

ブランドの由来

商品の付加価値化、つまり商品のブランド化は、相対的に販売価格を高く設定できる。オリジナリティーを創り出し、消費者に訴求すればさらに付加価値が高まる。販売戦略の点からも有効である。

こう考えた小久保は「川越藩のお蔵米」が付加価値の高いブランドになるか、川越藩やお蔵米について調べた。

川越藩は、徳川家康が江戸幕府を開くと「江戸の北の守り」として幕府直轄領となった。基礎を築いたのは、三代将軍家光を支え、「知恵伊豆」とも呼ばれた老中松平伊豆守信綱である。

地誌に「伊豆殿二代の功績により領内全域の川堤が改善された」と記されているように、信綱は治水事業に取り組んだ。最初に手掛けたのは、新河岸川の舟運の開設であった。江戸城との交易を盛んにした天領川島領の米の一部は江戸城に運ばれていたと言われている。

そして、藩の正確な石高を把握するために領内の総検地を行った。大半は戦国時代から開発が進んでいた川越以北の水田地帯で、藩の財政基盤を支える重要な地帯であった。それが現在の川島町（川島領）である。天領川島は、四方を川に囲まれた地味豊かな地域で、年貢米を貯蔵する蔵（お蔵米）が見られたと言われている。信綱は、武蔵野台地に広がる川越南部と、野火止（新座市）の広大な地域の開発も手掛け、新開発地は主に畑作物地で、１００町歩（約１００ヘクタール）を超えた、と記されている。

商標登録と宣伝戦略

「川越藩のお蔵米」は、川島産米としてこれほど良いブランド名はない。小久保は川島町農協組合長に就任すると、すぐに商標登録を申請した。

ところが、不許可となった。スーパーのダイエーが「蔵米」として商標登録されているということだった。県下のダイエー全店を調査すると、「蔵米」というブランド米はどこにも販売されていなかった。

しかも小久保が申請したのは、「蔵米」ではなく、「川越藩のお蔵米」である。91（平3）年に再度申請、12月に取得することができた。

「これからは宣伝の時代、コメも宣伝しなくては」と考え、ＰＲ活動を積極的に展開した。いまでこそ地域ブランド米の宣伝は盛んに行われているが、当時は皆無に近かった。

文化放送で「荒川を渡ると、緑と清流の町、川島町の川越藩のお蔵米」の20秒スポットを流した。5万円だったが、費用対効果は大きかった。

「食べてもらえば、おいしさを実感してもらえる」と思った小久保は、リスナーに「お蔵米」のプレゼントも用意した。

また、販売促進用チラシ作成のために図書館や博物館で調べ、何日もかけて原稿づくりに取り組み、原稿は埼玉新聞社に検証してもらい、チラシの作成を依頼した。

浦和競馬場の「川越藩のお蔵米記念レース」は、小久保らしいアイデアである。

「川越藩のお蔵米記念」というレース名が、浦和競馬場の来場者だけでなく、北は北海道から南は沖縄まで、全国の競馬ファンが勝ち馬投票券を購入する際に必ず目にする。スポーツ新聞や競馬新聞にもレース名が掲載され、「川越藩のお蔵米」を目にする機会は想像を超える。これほど有効な宣伝はないというわけだ。小久保のアイデアは多くの人から称賛された。「川越藩のお蔵米記念レース」は元農林部長の杉田勝彦副管理者、上田知事の理解があり、実現できた。

評価を高める栽培基準

川島町で政府の転作目標を達成した農家は数百戸あったが、米づくりをやめてしまう農家もあった。「川越藩のお蔵米」の栽培は、転作目標を達成した農家がうまい米づくりを実現するために栽培基準を設け、144戸でスタートした。

さらに普及させようと、11（平23）年7月に「川越藩のお蔵米推進協議会」を結成し、小久保が会長に就いた。副会長には長谷部實（八ツ保）と内野郁夫（小見野）、監事には藤倉敏司（伊草）と原田裕（出丸）、のちに神田隆（出丸）、幹事には道祖土美登（中山）、兼松賢次（中山）、矢内光秋（三保谷）、遠山勝元、のちに遠山武司（伊草）、小峰松治（八ッ保）、新井隆（小見野）の各氏が選ばれた。副会長の長谷部氏は後に辞任し、道祖土美登氏が就任した。

協議会では、作付体系の確立、減農薬、有機肥料１００％使用という厳しい栽培基準を設けた。栽培基準を厳格にすれば米の品質を統一・保持でき、農家にすれば評価の高い米をつくっているという誇りが持てるからである。また、栽培技術の向上にもなる。

栽培品種は、コシヒカリ、キヌヒカリ、そして14（平26）年の生産米から県産ブランド米「彩のかがやき」も加えた。

協議会設立の翌年、長野県木島平村で開かれた「国際大会 第14回 米・食味分析鑑定コンクール」で、川越藩のお蔵米推進協議会として出品したコシヒカリは、都道府県別の部で埼玉県が1位を獲得した。同時に協議会副会長の長谷部實氏が栽培した彩のかがやきは特別優秀賞に輝いた。

コンクールには国産米、外国産米３９１５点が出品され、埼玉県栽培のコシヒカリが1位を獲得したことで「川越藩のお蔵米」の評価が一段と高まり、県産ブランド米彩のかがやきの普及にも寄与した。

全国でもトップクラスの高値

価格をみてみよう。全農の92（平4）年産コシヒカリ買い入れ価格が1俵1等米2万1000円に対し、「お蔵米」は2万5000円だった。

14（平26）年産ＪＡ委託米販売価格ではコシヒカリ1等米8000円、キヌヒカリ7000円に対し、「お蔵米」はコシヒカリ1万4500円、キヌヒカリ1万3500円である。これは埼玉県一の高値であり、全国でもトップクラスである。

「これからは川島町の米は何を食べてもおいしい、と言われるように評価を高めていくことが大事だ。それには栽培基準を守って川島産の米の均質化を図っていくことだと思っている。こうした取り組みがこれからの日本の米づくりに生き残る途と考えている」と小久保は語っている。

「お蔵米」は川島農産物直売所で販売している。カントリーエレベーターは籾保管なので米は生きており、それを必要に応じてその都度籾摺りをして、直前に精米するから、いつもおいしい「お蔵米」が提供できる。

「お蔵米」は、生産者と消費者の手を直接結びつけ、品質の良さで信頼を築いた。これからの日本の農業の方向性を示す、ひとつの成功例となっている。

【新時代の農業を目指して】

組合長の姿勢に感謝

圏央道の川島ＩＣ〜桶川北本ＩＣ間が２０１０（平22）年3月28日に開通すると、小久保は4月1日に初乗りした。

広々と広がる田園風景に、ひときわ高い12本のサイロ（貯蔵倉庫ビル）が一番目立ったが、肝心のサイロに書かれている「埼玉米　コシヒカリ　キヌヒカリ」の文字が剥げ落ちていた。

「川越藩のお蔵米の郷かわじま」と書き換えたら、大きな宣伝効果が期待できると思い、翌日、埼玉中央農協舟橋俊人組合長、利根川洋治副組合長に会い、「昨日、桶川北本インターまで走って、一番目についたのがカントリーエレベーターだった。一度、走ってみてください」と勧めた。

数日後、「剥げ落ちている文字を、この機会に『川越藩のお蔵米の郷かわじま』にしてもらえないだろうか」とお願いすると、「あれでは書いてある文字も良くわからない。考えてみましょう」ということだったが、サイロの足場掛けに１０００万円近くの費用がかかり、さらに検討を加えるということになった。

その後、舟橋俊人組合長、利根川洋治副組合長、川島地区の高橋英生理事（経済委員長）を交えて話し合い、サイロ、屋根などの塗装を含めて工事することになった。費用は当初の計画より大幅に上回る数千万円となったが、舟橋組合長、利根川副組合長、高橋理事の「お蔵米」にかける姿勢が工事を進めた。

川島町では、「お蔵米」が米流通の価格指標になっており、その経済効果はきわめて大きい。埼玉中央農協川島基幹支店の最大の特産品であり、顔（ブランド）となっていることを、舟橋組合長、利根川副組合長、高橋理事はよく理解しているからである。

サイロは「お蔵米の郷　かわじま」を売り出す指令塔のような存在で、圏央道の沿道では最大の広告塔となっている。

これを見るたびに小久保は、戦国時代からの稲作地帯の歴史をまもり、灌漑排水事業で整備された川島の稲作農家として、安心・安全な米づくりにいっそう励まなければならない、という思いを強くする。

このような思いを抱けるのも、全国ＪＡの中で唯一、稲作一貫体制を確立した施設が整備されているからである。

関東一のカントリーエレベーター、精米製粉工場をはじめ育苗センター、農機具センターを持ち、また高齢化などに対する農作業受託などを行う比企アグリサービスなど、ハードとソフトの両面で農業環境が整っている。

これらはすべて小久保が推進、実現したものである。

14（平26）年2月には20年ぶりの大雪に見舞われた。比企郡全域の施設園芸野菜（イチゴ）ハウスが全滅に近い被害を受けた。

このときも舟橋組合長はいち早く状況を把握し、誰もが思ってもみなかった1戸10万円の雪害対策見舞金を支出し、県下の市町村、農協のなかでも最高の誠意をしめした。

この年の年末、24年間使用してきた精米機の搗精（とうせい）歩合が少し下がったので、「苦情が出ないうちに対応してほしい」と舟橋組合長にお願いすると、ライスセンター、精米工場と全体的な整備を検討、翌年には改修整備された。

このような舟橋組合長の決断と実行力は、「おいしい米づくり産地としての川島の名を高め、どんな時代にも勝ち残ることができる施設づくり」と、小久保は賞賛している。

2度目の優良農協表彰

埼玉中央農協は14（平26）5月、全国農業協同組合中央会優良農協表彰を受けた。埼玉県ではこれまで7農協が受賞しているが、84（昭59）年3月に川島町農協が受賞しており、比企郡としては2度目の受賞となった。

優良農協表彰は農産物直売所の経営、アグリサービスの設立と運営、そして雪害対策に対する農協の見舞金などが評価された、と聞いている。

埼玉中央農協の直売所は9カ所あるが、川島農産物直売所は川島産ブランド米「お蔵米」をすべて生産者から高く買い入れ、直接販売している。まさに地産地消、いわゆる「六次産業化」を実現、これからの農協モデルとして高く評価されたものだろう。

いま、農業従事者の高齢化や後継者不足、さらに農業政策の転換などから離農してしまったために遊休農地や耕作放棄地などが増加し、地域農業の維持が厳しくなっている。アグリサービスの設立と運営というのは、こうしたなかで農協・農家が、取り組むべき事業例として注目したい。

「このようなときが、いずれ来る」と考えていた小久保は05（平17）年に、株式会社の設立を訴えていた。そして2年後、埼玉中央農協が100％出資する「比企アグリサービス」が設立された。全国で唯一、農協が運営する株式会社である。

比企アグリサービス

比企アグリサービスは、田畑の耕耘、畔付け、代かき、田植え、刈り取り、調整、水稲の苗づくりなどの農作業受委託を行い、いまは信託農地の農作業受委託も引き受けている。

信託農地の農作業受委託は09（平21）年に農地経営基盤促進法が成立し、11（平23）年6月のJA総代会で承認された。これによって農協の農地借り入れが可能となり、農協による耕作放棄地や遊休農地の信託事業ができるようになったのである。

また、いずれ農協法による員外利用対策が問題になると思われるが、比企アグリサービスはその「受け皿」としてスムーズに移行できるものと考えられる。

小久保が構想した株式会社（アグリサービス）は、農協・農家の環境変化を先取りしたものなのである。

比企アグリサービスの事業は順調に発展し、14（平26）年度決算報告では、農業受託約1万6000ヘクタール、荷受など約300回、籾種の温湯消毒約2000キロ、水稲育苗約6万8000箱、各直売所間の配送受託は約300回である。

契約栽培も展開しており、東部営農経済センター南側の畑47アールにはジュースの原材料としてニンジンを栽培し、カゴメに全量出荷している。キャベツ（50アール）はイートアンド（大阪王将）と契約する計画で、契約栽培に取り組む農業者の拡大も図っている。現在は小松菜なども栽培して作付面積も拡大している。

特産品である川島のいちごについては、比企アグリサービスの安田照男社長が率先して苗の生産振興に取り組み、15（平27）年、新たにイチゴのウイルスフリー株（無菌苗）５００本の育成を始めた。３年後には１３０万本の実取り苗が生産される予定だ。

「農協は、農家や農業の役に立っているか」ということから始まった15（平27）年の農協改革は、農協法改正まで行き着いた。全国農業協同組合中央会（ＪＡ全中）を一般社団法人に衣替えし、各農協は経営の自主性、独自性が発揮できるようになったが、旧態依然とした考えでは組織の弱体化はまぬがれない。

比企アグリサービスがこれらの諸課題に対応した存在になることは間違いなく、小久保が提案した「アグリサービス構想」がますます注目されている。

世界に打って出るために

15（平27）年のＴＰＰ（環太平洋経済連携協定）の大筋合意も、農協・農家は大きな転換を迫られた。極論すれば、日本の農業が世界市場と競争するということになった。

甘利ＴＰＰ担当大臣は、「これまでのように影響を受ける損失部分を補てんするということよりも、海外市場などに打って出ていくためにどう強化するかである」と、農業政策の転換を示唆し、戦略的農業を強調している。世論調査でTPPを「評価する」人が多くみられるのは、「安さ」を望む消費者心理だが、「安全・安心・おいしい」という国産品へのこだわりも根強くある。

農業人としての小久保は、「川越藩のお蔵米」の取り組みからも明らかなように、「安全・安心・おいしい」をすすめることで、海外市場まで打って出る道筋を描いている。

その指針のひとつとしているのが、GAP（Good Agricultural Practice＝適正農業規範）である。農産物の生産から出荷まで、すべての農作業の課程で安全性などをチェック・確認するもので、EUなどは販売取引の条件になっている。

埼玉県では、全国に先駆けて、「埼玉県安全安心農産物生産ガイドライン」による「埼玉式GAP」を普及促進しており、14（平26）年度には県独自の「埼玉スマートGAP（S-GAP）」を策定し、これに基づいた「埼玉県農業生産安全運動」を推進している。

小久保が会長を務める川越藩のお蔵米推進協議会では、県下で最初に「S-GAP」運動に参加することを全体会議で決定している。参加することで「お蔵米」が世界に羽ばたけると考えているからだ。

S-GAP参加には埼玉県安全安心農産物生産ガイドラインをクリアする必要があり、県職員が栽培現場等を調査・評価する。その結果、小久保には17（平29）年12月12日に「S-GAP実践農場評価書」が交付された。

埼玉県では「東京2020オリンピック・パラリンピック競技大会」で県産農林畜産物を国内外にPRする絶好の機会とし、県産農産物を供給する生産者の食材供給の意向を作成し、提供することにした。川越藩のお蔵米推進協議会にも19（令元）年5月に食材等供給意向リストについての文書が届き、翌年1月に供給についての打ち合わせが行われた。

東京オリンピック・パラリンピックは新型コロナウイルスによる感染拡大で1年延期され、様々なイベントが中止となり、お蔵米が使われなかった。

川島町には灌漑排水事業で整備された1300ヘクタールの水田がある。この水田で栽培される米は、町と農協、お蔵米推進協議会が手を携えておいしい米づくりに取り組み、その輪を大きくすることで販路を広げ、日本全国に「お蔵米の郷　かわじま町」として育てている。

さらに「川島町で栽培された米は、すべて天領川島領の天領米としたい」

これが小久保の夢である。

「お蔵米」が日本全国、そして世界に羽ばたく日を夢みて小久保は、今日も田んぼに立つ。

『週刊ダイアモンド』は毎年、全国の農協（ＪＡ）を独自の視点で分析、ランキングしているが、埼玉中央農協はいつも上位に入っている。同ランキングは1600人の農家が評価するもので、小久保が実現した稲作一貫体制の確立、地域ブランド米「川越藩のお蔵米」など先進的、独自の事業を展開するＪＡを高く評価する。これからの農業、ＪＡには必要な視点と、小久保も思っている。

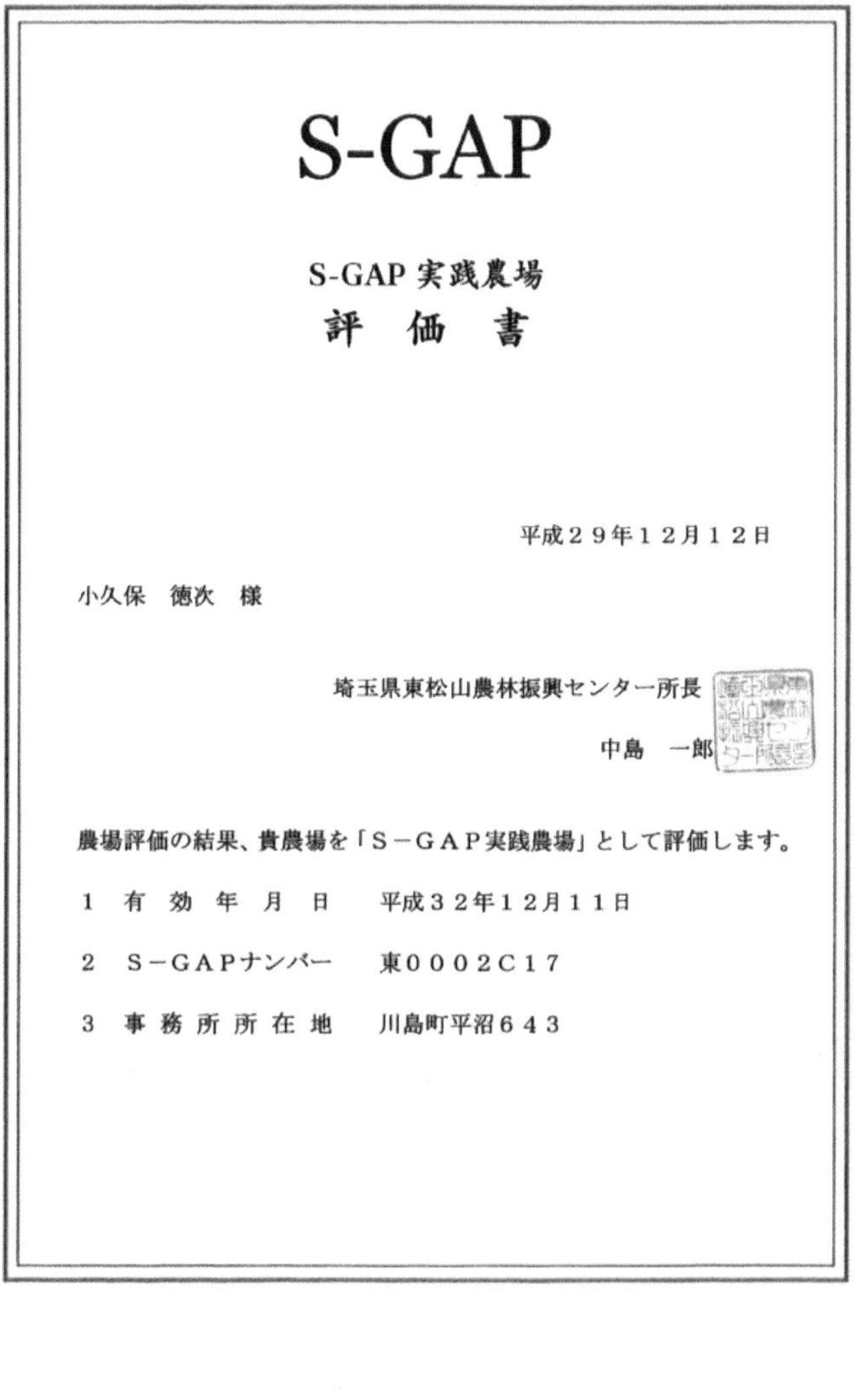
S-GAP

S-GAP 実践農場
評　価　書

平成２９年１２月１２日

小久保　徳次　様

埼玉県東松山農林振興センター所長
中島　一郎

農場評価の結果、貴農場を「Ｓ－ＧＡＰ実践農場」として評価します。

１　有　効　年　月　日　　平成３２年１２月１１日

２　Ｓ－ＧＡＰナンバー　　東０００２Ｃ１７

３　事　務　所　所　在　地　　川島町平沼６４３

農業人としての小久保の歩みはまだまだ続く。

第8章　感謝、そして想い出

小久保は2001年黄綬褒章を受章（2001年）

【二人の知事】

土屋知事との出会い

前埼玉県知事の土屋義彦さんは、叔父である故上原正吉先生（元参議院議員、大正製薬社長）の秘書時代から、比企郡によく足を運んでいた。

上原先生は、戦傷者戦没者援護法の立法、日本遺族会の設立に尽力した。埼玉県遺族連合会会長を務め、靖国神社のために私財10億円を寄付、一部遺族会の篤志家からの寄付も含まれていたと聞く。また、小枝夫人は3000万円の本殿賽銭箱を奉納している。賽銭箱は県木のケヤキである。埼玉県のケヤキは全国一といわれ、伊勢神宮宇治橋の土台も埼玉県の寄進である。

県遺族会の事務所がある「ほまれ会館」（浦和）の建設では自費を投じたと聞いている。

「土屋さんも参議院議員時代に県遺族会会長として尽力され、靖国神社の国家護持に努力された。戦後70年たった今も国家護持とならないのは残念だ」と戦争遺児の小久保は言う。

小久保は、三保谷村遺族会会員として、東京・中野の野方にある上原先生の自宅に選挙の手伝いに行き、土屋さんとはそのころから見知っていた。

土屋さんが上原先生の全面的支援をうけて県議に初当選したとき、小久保は三保谷村農協販売主任だった。土屋さんが1965（昭40）年の参議院選に埼玉選挙区から出馬すると、上原先生の秘書時代の働きぶりを見ていた小久保は全面的に応援した。

92（平４）年7月、土屋さんは参議院議長を任期途中で辞し、県知事選に出馬、当選した。三権の長の経験者が知事になるのは後にも先にもなく、県内外に存在感のある〝大物知事〟の誕生だった。小久保は県経済連理事になって2年目だった。

土屋知事は環境問題に積極的に取り組み、戸田市の荒川河川敷の貯水池を「彩湖」と命名し、周囲を緑地公園に整備した。

また、絶滅危惧種に関する「レッドデータブック」を都道府県で初めて刊行するなど、環境庁長官だった経験が生かされている。

国家の基盤である農業と農村の発展なくして県や国の発展はあり得ない、と農業振興にも全力で取り組んだ。

「小久保はどう思う」

小久保は、知事公館にたびたび出向いたり、また知事から電話をもらったが、多くは圏央道の青写真ができてからだった。

「川島にはインターチェンジができる予定だが、どう考えている」と聞かれると、小久保はいつも同じことを言った。

「川島は埼玉の中央、水田中心の農村地帯である。米づくりの町だが、地域を開発して、もっと活性化しなければならないと希望している人が多い。インターチェンジを核とした流通団地、商業団地ができたらと思っている」

「そうか。川島もそうだが、その先の地域開発が必要なんだ」

あのあたりのことを言っているように思えたから、

「それは川島の開通から10年先のことですよ。埼玉の中央の川島町に光を与えていただきたい」

そんな会話が繰り返されたある日のこと。

「わかった」

「ありがとうございます」

それ以上の言葉は必要なかった。

川島インターチェンジ起工式には土屋知事をはじめ加藤卓二建設副大臣も出席した。そのときに小久保は、

「次はインターチェンジのところにサービスエリアを頼みますよ。同時に平沼中老袋線の出丸荒川堤防の改修と道路整備を何とかお願いしたい」

「それは無理だ」

「川島は中央道から圏央道に乗って東北自動車道までの真ん中ですよ。川島町の米やイチゴ、トマト、キュウリなど特産品が待ってますよ」

「その話はきょうではなく、改めて話そう」

その後のことだが、加藤代議士が、

「小久保さんが前に言われた通りだ。知事も賛同してくれた。来年は私も選挙だ」

「一所懸命応援させてもらいます」

自宅や事務所に秩父の役員と何度か応援に行ったが、残念な結果となった。また、頼りにしていた知事も退任し、その後サービスエリアと荒川堤防の改修、道路整備の話は測量が始められたと聞いたが、自然に消滅してしまった。次の開発がある際には、ぜひ実現してもらいたいと、いまでも思っている。

圏央道川島ＩＣから桶川北本ＩＣは10（平22）年、翌年には白岡菖蒲ＩＣから久喜白岡ＪＣＴが開通した。15（平27）年10月に桶川北本ＩＣから白岡菖蒲ＩＣが開通したことで、川島ＩＣから久喜白岡ＩＣがつながった。

「土屋知事ほど町のために力になってくれた人はいない」と、いまでもその恩を忘れない。

土屋知事とは親密な付き合いだったが、小久保は権力にすり寄ったり、私利私欲にはしったり、いわゆる癒着はまったくない。公明正大、すべて「農業に貢献する」という信念による活動だった。

土屋知事も、小久保のそうした信念、農業に賭ける純な精神を知っていたから、人前でも「おい、兄弟」と言ってはばからなかったのだろう。

それまでは県庁職員が県経済連の事務所に来ることはなかったが、小久保がＪＡの要職につくと、農林部長をはじめ多くの職員が足繁く来るようになった。

当然、ＪＡ組織内からはやっかみ、反発の声が上がる。そうした声は小久保の耳にも入ってくる。それを意識しなかったわけではなかったが、いちいち応えていては権力争いを招くだけである。組織の活動や発展には何の役にも立たない。むしろマイナスだ。

知事は日本の心を耕す活動にも心を砕いていた。土屋知事が講元の伊勢講は、毎年２月に総勢20名が伊勢神宮に参拝した。その伊勢講メンバーの1人として参加している小久保にとって、伊勢神宮参拝は貴重な心磨きの時間であった。

「あとは小久保がする」

ここで、土屋知事と小久保の「信頼の絆」がよく分かるエピソードを紹介しておこう。

02（平14）年8月9日から3日間、北海道とゆかりのある埼玉県の5市代表と経済・農業会の代表が土屋知事に伴われ、北海道を視察訪問した。

医療や農業、地域間交流がテーマだった。

土屋知事は、埼玉の農業の発展にとって北海道との農業交流が重要だと考え、具体的に交流活動を推進してきた経緯がある。将来、天変地異が起きないとも限らないなかで、事が起こったときに県民の命を守るための食糧確保の道を構築したいとの考えから、北海道との連携を推進してきた。

埼玉県農業大学校（前・農業経営伝習場）と富良野市との人的交流として、北海道の大規模農業を学ぶために富良野市に人材を派遣、逆に北海道から埼玉県で都市農業を学ぶための人材を受け入れるなど、具体的に実践していた。

もともと北海道の人が本州に移り住む際に選ぶ地域の一番が埼玉県だというように、縁が深い。

地域情勢懇談会では、堀達也北海道知事らが出席して開かれ、埼玉県側は武弘道埼玉県病院事業管理者が自治体の病院経営、井上清農林部長が農業を核とした北海道との交流状況を報告し、舟橋功一川越市長ら5首長と北海道の桂信雄札幌市長、藤原弘根室市長、高田忠尚富良野市長ら9首長が意見交換した。

堀知事主催の夕食会が知事公館で開かれ、北海道議会からは議長をはじめ本間勲農政常任委員長、川村正総務常任委員長、枳穀勝久ホクレン代表理事副会長ら多数が出席し盛況だった。

堀知事の歓迎の挨拶があり、土屋知事の謝辞を終わると「あとは小久保頼む」と指名された。知事に続く挨拶は立場ではないと思ったが、促されて立った。

翌10日には３００人が参加した「新しい日本づくりフォーラム21」がサッポロビール博物館スターホールで開かれ、土屋知事が挨拶すると、「次は小久保」ということになった。またも予期せぬ指名、わが身を疑ったほどだった。

小久保はいつも臨機応変、印象に残る挨拶をする。「原稿を読むような挨拶では真情が伝わらない、心に訴えるものがない」と、どのような時も原稿を持たなかった。

土屋知事、丸山晃埼玉新聞社長、中根憲一テレビ埼玉社長、小久保ら経済関係者は札幌ドームの視察に出かけた。桂札幌市長から、サッカー場と野球場を兼ね備えたドームの説明をうけ、有意義な視察となった。土屋知事から、またもお礼の挨拶の指名をうけた。

また、埼玉県知事公館では頻繁に賓客などを招いてパーティーが開かれたが、小久保はたびたび招待された。たまには「こっちへ来い」と手招きして知事が呼び寄せることもあった。草の根交流推進のため東南アジア、エジプトにも随行したが、まさに百聞は一見に如かず、を実感した。

土屋知事は小久保を、上に立つ器のある人間として育てようとしていたのではないだろうか。

「小久保に会いたい」

土屋知事は晩年、出前芝居の素人ボランティア劇団に入団、老人福祉施設などを慰問、得意のハーモニカで童謡などを披露し、聴衆から拍手を浴びて満足げだったという。

08(平20)年9月、「家に帰りたい」と言って、入院先の病院から春日部の自宅に戻った。このことは緘口令が敷かれ、面会できたのはごく限られた人だった。

「小久保さんに会いたい、と主人が言っています」

栞夫人からの電話であった。

言葉がはっきり言えない状態だったが、小久保が枕元で話すことは良くわかっていた。

「知事、知事公館前の大きな庭石には何と書いてありますか。50、60花ならつぼみ、70、80働き盛り。よく言っていたでしょう。まだまだ頑張って病気に負けたら駄目だよ。元気になって、社会のために、まだまだ活躍してください」

大きな声で励まし、体をさすりながら、「約束だよ」と耳元で言うと、大きくうなずいた。

土屋邸を辞去して数日後の10月5日、多臓器不全で静かに息をひきとった。

「土屋さんが亡くなった時、胸にぽっかりと穴が空いたような、大きなものを失ったような喪失感、寂寥感に襲われた。人生の師を亡くしたような気がしてならなかった」

土屋さんは小久保よりひと回り上だが、小久保にとっては人生の師であり、父親のような存在であった。

土屋さんも自らの人生と重ね合わせて、小久保をわが子、弟のように思っていたに違いない。

葬儀は東京・青山斎場で執り行われ、森喜朗元首相が葬儀委員長を務めた。

「川島町からの花輪がない」と遺族から連絡をうけ、「小久保さんの名前でいいです」といわれ、すぐに手配した。

翌日、両側にずらりと並んだ花輪の中に「川島町　小久保徳次」が正面に飾られていた。

パラオ共和国トミー・レメンゲザウス大統領ご夫妻は、葬儀参列に駆け付けた。タイやラオスなど特命全権大使の姿も多くみられ、土屋さんの交流の広さをうかがわせる葬儀であった。

翌年2月、「前埼玉県知事　土屋義彦氏を偲ぶ会」がさいたまスーパーアリーナで行われた。実行委員長は上田清司知事が務め、県民や政財界関係者４０００人が参列した。

土屋さんは、叔父の上原正吉先生とともに、下田市宇土金の向陽寺で眠っている。二人は埼玉県遺族会に尽力した恩人である。小久保は川島町遺族会の吉川道喜会長に話し、バス４台を仕立てて墓参した。帰りに上原仏教美術館に立ち寄ると、全員が出迎えてくれた。

「すみませんね、ご迷惑をおかけしてしまって」と、墓参を知った栞夫人の心を煩わせてしまった。「かけたのは心です」と答えたが、夫人の明るい声が電話口に響いていた。

亡くなってからも月命日に土屋邸を訪問し、線香を手向けている。

「世話になった人の恩は忘れてはいけない。亡くなってからの気持ちが大事。人のたたずまいというのは、亡くなった人へのあとの心で分かるものだ」と小久保は言う。

「この本をまとめる際に、土屋家からは、失念していたことがつけ加えられており、それを読んだとき、土屋さんと話しているような気がした」としみじみと語っている。

上田知事と「彩のかがやき」

小久保の自宅に「祝当選　無冠の時からの支援者　小久保徳次氏に感謝」と書かれた上田清司知事と小久保夫婦の写真がある。

上田知事とは、古くから地縁も含めて縁があり、新自由クラブ時代には若き闘士として活躍していたことをよく覚えている。03（平15）年8月、民主党の代議士を辞職、無所属で立候補した知事選で見事当選を果たした。

知事になってからは、持ち前の探求心を発揮して、農業振興についても頑張ってもらっていることはありがたいことだと思う。

県産ブランド米「彩のかがやき」は、知事が先頭に立って宣伝してくれたことで、県産出米の3分の1を占めるまでに増えたと思っている。また、白未熟米対策では陣頭に立って販売活動に取り組まれ、農業人の一人として頭が下がる思いだった。

その「彩のかがやき」が「第14回米・食味分析鑑定コンクール」で、都道府県代表お米選手権の部特別優秀賞を受賞すると、上田知事は受賞の喜びをブログに書いた。

『第14回米・食味分析鑑定コンクールの「都道府県代表お米選手権」の部で、川島町在住の長谷部實さんが栽培した「彩のかがやき」が、見事「特別優秀賞」を受賞されました。その長谷部さんが、先週6月5日の水曜日、県庁に御挨拶にお見えになりました。私はもっと早くお会いしたかったのですが、何か遠慮されていたようです。今回、私の古くからの知り合いで「川越藩のお蔵米」推進協議会会長の小久保徳次さんに誘われ、お越しくださいました。（中略）

埼玉のブランド米「彩のかがやき」がインターナショナルの大会で高い評価を受けていることを、私たちはもっと知らなければならないと思います。（中略）

「彩のかがやき」や「川越藩のお蔵米」を川島町の直売所でお買い求めになり、お楽しみいただきたいと思います』

（13年6月10日）

「川越藩のお蔵米」が、浦和競馬場の特別レースになったのも、上田知事の理解があったからこそ実現できた。浦和競馬場の管理者は上田知事だからである。

「埼玉から日本を変える」

「上田知事は、休日や254号線を通った時には川島の直売所に立ち寄られ、お蔵米や野菜を買っていただき、ＰＲしていただいている」と小久保は言う。

土屋知事の伊勢講メンバー として毎年2月に参拝。
(2003年、伊勢神宮天皇休憩室にて土屋知事(右)と小久保)

国際大会第14回米・食味分析認定コンク ール都道府県代表
お米選手権で川越藩のお蔵米推進協議会副会長の長谷部貸氏が
栽培した彩のかがやきが特別優秀賞を受賞し、上田知事を訪問

小久保が要職を辞しても上田知事とはたびたび顔を合わせる機会がある。

「そのたびに親しく声を掛けていただき、こんなうれしいことはない。上田知事の人柄です」

上田知事とはプライベートな話もする間柄だ。「長男は米が大好きで、米を作っている農家から嫁をみつけてほしい、と何度か頼まれた。たとえ冗談にしても、こんなうれしい話はないよ」

小久保が「歴史に残る対応」として、上田知事について語るのは14（平26）年の大雪対応である。

2月8日から降った雪は20年ぶりの大雪で、県内の道路や家屋、ハウス栽培施設、林業などが大きな被害を受けた。

「大雪注意報が出ると上田知事は迅速、適切な対応策を指示し、その後、被災地を視察し、見舞金や無利息資金の貸付、片づけ費用、また国への働きかけなどが、歴史に残る対策だった」というのだ。

とりわけ被害が大きかったハウス農家は、わずかな自己資金で再建できた。「上田知事の農業支援、農業振興にかける意欲を見る思いだった」と、小久保は農業人として感謝している。

「埼玉から日本を変える」という上田知事のポスターが、小久保の自宅応接間に飾られている。

上田知事は、「埼玉NEXTイニシアティブ２０２５」として「２０２５年への挑戦」「稼ぐ力」「『人財』開発」の3大施策を掲げた。

農業関係では「儲かる農業」を課題として、埼玉の強みを生かした六次産業化と地産地消、オーダーメイド型産地の育成（県内に多数立地する食品産業と産地の連携）、農業大学校と農業高校の連携によるプロの若手農業者の育成を目指す、とした。

また、耕作放棄地を高齢者でも楽しめる農園に復活するものもあった。上田知事の農業に対する考えに、小久保は賛同している。

【武蔵野同志会】

忘れられない友

武蔵野同志会は、小久保が卒業した農業大学校（前・県農業経営伝習場）の同窓会である。「農業大学校一家」と呼ばれるほど同窓の絆は強く、「埼玉県の農業を支えている」という気概にあふれている。多くの武蔵野同志会のなかでも下地治氏は、忘れることのできない一人である。

16期生の下地氏は、復帰前の沖縄県からただひとり伝習場に入学してきた。卒業後は沖縄に帰って、伝習場で学んだことを生かして大規模な養豚事業に取り組んだが、その年の大きな台風で壊滅的被害を受けた。再興を断念した下地氏は、場長を頼って伝習場で働き、助手を務めていた。そんなときに下地氏に逢い、「頑張って伝習場の先生を目指せ。学校は任せた」と託したことがあった。

その後、公務員試験に合格して埼玉県に就職、県農林部に配属された。農林部では東松山農業改良普及所長、東松山農林事務所経営指導課長、農林部経営指導課長、大学校（伝習場）校長、農林部次長となり、２０００（平12）年3月に定年退職した。

下地治氏が小久保に贈った七言絶句

この間、下地氏は埼玉の農業行政に尽力し、小久保の農協運動を支えた一人である。とくに埼玉県産ブランド米「彩のかがやき」の誕生には、下地氏のはたらきがあった。

農協運動に対する取り組みを理解し、小久保を農業人として尊敬していた下地氏は、定年退職すると「小久保徳次」の文字を読み込んだ七言絶句を彫り込んだ扁額を贈っている。

小安期大成道長　小安大成を期して道長し
久在要職篤行芳　久しく要職に在って篤行芳し
保佑一家身愈健　一家を保佑して身愈健やかなり
徳次貢献厚信望　徳は貢献を次で信望厚し

退職後は埼玉県信用基金協会常務理事に就任したが、02（平14）年12月13日、62歳の若さで亡くなった。

小久保の家に飾られている扁額は小久保の宝となっ

青年団の花壇づくり

た。

【青年団活動】

「花いっぱい」運動のさきがけ

小久保は三保谷村農協に就職すると同時に青年団に入った。この頃の農村の若者は、ほとんどが青年団か4Hクラブに参加した。

小久保が青年団に入団するとまもなく青年団長の話が持ち上がったが、三保谷中学校の同級生だった小島由之氏に白羽の矢を立てた。

小島家は東北から出稼ぎが来るほど大きな農家で、集落では先進的な農家で評判も良かった。

そのうえ小島氏は成績優秀で、人望もあり、団員全員の賛成で団長に選ばれた。小久保は副団長になった。

小久保が農協の仕事で農家を回っていて気づいたことがあった。その頃の農家の庭には花が咲いていない。村はさびしい風景が広がっていた。

1960（昭35）年、小久保は「庭に花が咲く、きれいな明るい村にしよう」と、小島団長に提案し、団長を先頭に1戸に1袋ずつ花の種を配布した。財源は、小久保が提案して団員らと作った配合有機肥料づくりで農協から受け取った助成金の一部を使った。この活動がその後の「全国花いっぱい運動」に発展していった。

また、その頃、コンクリートブロックが登場し、塀などに使われ始めていた。団員の木村俊雄氏はコンクリートブロック工事の技術を身に付け、ブロック工事士として働いていた。

役場跡が公民館として使用されることになり、その前庭にロータリーを作ろうということになった。馬にまたがった楠正成の銅像があったが、青年団はその銅像を修復し、ロータリーの中に設置した。その周りを木村氏が中心となってコンクリートブロックで囲み、きれいな花壇にしたのである。

校庭で運転免許試験

小久保が三保谷村農協販売主任のときの話である。

この頃になると、農作物の運搬が牛馬から、リヤカーやマメトラ（テーラー）になり、導入する農家が増えていった。

テーラーを運転するには免許が必要だったが、取得するには、東松山まで片道十数キロの砂利道を行かなければならなかった。一日がかりで受験に行っても、緊張してしまうのか、ほとんどの人が合格できなかった。

テーラーの普及が確実に見込まれているのに、それを運転する免許取得がネックとなっていた。営利を目的としない農協運動であっても、採算がとれない事業はできない。しかも運転免許取得には警察の問題もある。

それでも小久保は、「農家のために役立ちたい。どうにかして免許取得を進めたい」と思うも、妙案が浮かばなかった。

「青年団は農業に従事している若者の集まりだ。青年団の事業として実施すればいいのではないか」と思いつき、小島由之団長に相談すると、「いいことだけど、やれるかな」と平信半疑の様子だったが、「なんとか団員の力でやってみよう」と団長も賛成した。

東松山交通安全協会三保谷地区役員でもあった小久保は、東松山警察署の海原勝市署長に相談することにした。

「話はよく分かるが、道路交通法がある。法律を曲げてやるわけにはいかない」

当然である。ここからが小久保のねばりというか、真骨頂である。「個人のためではありません。多くの農家が困っています。なんとか方法があるのではないでしょうか」

海原署長のもとに何度も足を運んだが、法律の壁があって突破口が見つからない。署長と堂々巡りの話し合いをしているとき、思いついた。

「試験場を移せば、いいのではないでしょうか」

「自動車学校がなんというかな」

「自動車学校にもお願いに行きます。その節はよろしくお願いします」

その場で深々と頭を下げた。

君の熱意には誠がある

東松山自動車学校の竹川久蔵校長を訪ねると、親切に対応してくれたが、良い返事はもらえなかった。1度や2度であきらめる小久保ではない。話し合いはここからがスタートという気持ちで訪問を続けた。まったく駄目ならば会ってくれないはずだ。会ってくれているのは、なにか途がある。ある日、思い切って、

「試験場を移してできませんか。臨時試験場ということで、何とかなりませんか」

「君の熱意には誠が通っている。そのことで検討してみるよ」

少し間をおいて竹川校長を訪ねると、「警察のほうは、どうなるのかな」

「警察署には何度もうかがっています。自動車学校がやってくれるなら、協力するという言葉をいただいています」

こうして三保谷小学校校庭を臨時試験場に、免許取得試験が実施されることになった。申請書類の作成は、交通課長の指導でその場で作成した。写真撮影は埼玉食糧事務所川島出張所の林所長にお願いした。当時としては珍しい一眼レフを持っていた。喜んで協力してくれ、教室で撮った。

実地試験では、青年団が手伝い、校庭に100メートルの楕円形コースを石灰で白線を引き、スタート、踏切、一時停止、スタート、ゴールして終了である。全員が合格した。

6回ほど実施したが、ほかの村からは、「どうして三保谷小学校だけなのか、川島の人たちにも声をかけて実施してほしい」という声が起こり、川島中学校に場所を移して行なった。

このとき、その後に小久保の妻となる鈴木玲子も合格した。

その後、道路交通法の改正にともない農耕用免許取得者は、自動車学校のコースを普通車で1周すると、普通免許を取得することができた。この恩恵にあずかったのは600人を超える、と小久保は記憶している。

高度成長期を迎え、「新・三種の神器」としてカラーテレビ、自動車、クーラーの頭文字をとった「3C」が普及した。なかでも自動車は農村生活には必需品となり、一気に普及した。

「青年団の事業の中でも歴史に残る、大きな仕事だった」と、小久保は若き日の足跡として懐かしんでいる。

【地域活動】

主要道路整備と事故防止対策

小久保は79（昭54）年4月から2期2年間、川島町大字平沼地区区長を務めた。1期1年がならわしだったが、初めて2期続けた。

川島町農協経済課長として多忙な時期だったが、まず手掛けたのが大字費だった。それまでは各戸の税金(所得)

を調べ、所得に応じて徴収していた。平沼地区でも兼業農家や会社員など職業が多様化し、大きな農家よりサラリーマンが多く払う不均衡が生まれていた。

時間をかけて是正するということだったが、会議を重ね、各戸平等とすることに決めた。従来の徴収額は1戸平均年７２５０円、それを７０００円とし、上・下期各３５００円として大字議員が徴収することにした。

また、戦後の食糧難時代に道が畑になったりして平沼は、「前に水なし、後ろに道なし」といわれていた。火災が発生すると手押しポンプで消火にあたり、消火作業は困難をきわめた。集落の11棟が延焼するという大火災が発生したこともあった。

県の担当者に状況を説明すると、補助金が出る集落排水事業があることを教えてもらった。そして東松山農林事務所経営普及課小川文治課長の指導により、補助事業として集落排水事業と道路整備事業を行なうことができた。

小川課長は伝習場時代の恩師で、「一番私をかわいがってくれた」と小久保。ここにも大学校人脈があった。

この集落排水事業は川島町の初期の事業で、農道排水を火災対策道路排水整備として拡張、舗装し、側溝には配水施設を設けて農作業用水として使えるものとした。

主要道路については、大字平沼に12個の消火栓を設置、消防自動車が入れるようにした。81（昭56）年1月には33号線、2月には２０９号線、１７５号線が整備された。

側溝の配水施設事業では、埋め込むための砂利が予算以上にかかり、継続工事として２０１３（平25）年に終了することができた。

区長になった年の12月、持木俊雄町長に「大型農道の事故防止対策」の要望書を提出した。

大型農道は、農耕車両以外の通行は禁止されていたが、どの家でも車を持つようになり、全車両が通行していた。死亡事故が発生し、危険が高まっていた。

全車両の大型農道への供用開始と、安全を守る信号機などの設置を要望し、翌年10月には大型農道に信号機、その後街灯、カーブミラーなどが設置された。

集落センターの建設

区長2年目には、前区長時代から懸案になっていた集落センターを建設することを提案した。見積額約1200万円の約半分は国と町の補助金を充てる計画である。「できなかったらどうする」などの反対意見もあったが、小久保は「足りなかったら、私が責任を持つ」と答えた。

建築委員会を結成、委員長は小久保がなった。副委員長に矢部博（神社長）、会計に岡部克一（区長代理）と小久保昭二、監事に矢部治雄、小久保光雄（氏子総代）、幹事に小久保健一（議員側代表）、小久保祐治（同）、小久保正（同）の各氏が選ばれ、委員には矢部章氏ほか21名で構成した。

建築委員会を数回開き、総事業費は1150万円となった。国から575万円、町から100万円の補助金、大字負担金475万円（うち借入金380万円、年度負担金95万円、1戸当たり1万円）。各戸負担金は3月31日までに農協貯金口座からの振替とした。

集落センターは、神社社務所脇にある消防ポンプ置き場を取り壊し、日本瓦葺きの総檜づくりの平屋建て約40

坪である。建築費は９７６万円で、その他１７４万円であった。80（昭55）年3月26日に地鎮祭、4月17日に上棟式、5月30日に完成した。

五穀豊穣を祈願する神社の夏まつりは7月24日に行われるが、その日に会計検査院から査察するという連絡があった。

集落センターに総檜は認められない、杉で作れということだった。小久保は材木店に集落センター建築で使用した材木を持ってきてもらい、杉より安いことを説明した。

「基礎から檜ということはどういうことだ」

「安くていいものをつくることが、悪いのでしょうか。しかも予算通りです」

これには反論できなかった。検査官は「一度、総檜づくりの家に住みたいものだ」と言って帰っていった。

その後、消防ポンプ置き場を建設し、そして役員の椎橋昭義氏には天神様を祀る社をつくってもらい感謝している。

ありがたい話

小久保は消防団にも入り、89（平1）年10月には消防功労賞として埼玉県知事感謝状を受けた。交通安全協会にも加入し、91（平3）年には関東管区警察局長賞、２００３（平15）年には埼玉県知事交通功労賞、14（平26）年には埼玉県交通安全対策協議会上田知事感謝状を受賞している。

また、1968（昭43）年には川島町体育指導委員となり、宇津木忠征、福島博の両氏と小久保は三羽ガラスといわれ、「スポーツ宣言都市」を提案した年の77（昭52）年、町はスポーツ・レクリエーションの充実を目指すスポーツ都市宣言を発表した。

76（昭51）年11月には埼玉県シラコバト賞を受賞。県鳥を冠した同賞は70（昭45）年3月に開設された「あすの埼玉をつくる県民運動推進大会」を設置し、地域社会の実現のために積極的な実践活動を続けている個人および団体を顕彰するものである。

川島町スポーツ振興審議会委員にもなり、91（平3）年には川島町長賞（体育功労）を受賞、96（平8）年には会長に就任した。

このような受賞歴や、町に対する活動からも分かるように、小久保は川島町の人たちから期待される存在だった。それを物語るエピソードがある。川島町農協組合長になったときである。

「次は町長、県議に」という話が持ち込まれた。「ありがたい話だが、農協ひとすじで生きてきた。すべての力を農協に出させてほしい」と言って断った。

小久保は「出たい人ではなく、出したい人」であった。

【父母、そして妻を想う】

母を想う

母親のマツがクモ膜下で倒れ、医者から「あと十日のいのち」と言われて亡くなったのは74（昭49）年６月４日である。59歳だった。

思えば、母は戦争に翻弄された生涯だった。夫明雄は２児を残して43（昭18）年に中国で戦死した。28歳の母は、４歳の徳次、１歳の美智子を抱えて戦争未亡人となった。

村でも有数の小久保家であったから、すぐに生活に苦労することはなかったが、終戦から２年後、「小久保家の嫁として小久保家を守る」ことを考え、義弟の静一と再婚した。

その年に農地改革があり、残ったのは自宅敷地と、まわりの８反の田んぼと１反ばかりの畑だけになった。それを静一と守ってきた。

戦後は、ひと時も気が休まることがなかったに違いない。ただ息子の徳次が夫を尊敬してくれていることが、何よりの救いであり、心の支えであった。

夫の静一も徳次をわが子同然、それ以上に思って育ててくれた。

「それだけに、おふくろの胸の中には親父に済まないというか、負い目のような気持があったのではないか。だから59歳になったとき、やっと来年は年金がもらえるようになった、としみじみと話したのではないか」と小久保は母親の気持ちを思いやる。

苦労の連続だった母親にすれば、年金受給はほかの人とは比べようもないほどの楽しみだったにちがいない。戦争未亡人となったが、再婚したことで遺族年金の受給がかなわなかったからである。

「おふくろは年金を、よく頑張ってくれましたと、国からの褒美のように思っていたのだろう。楽しみにしていたその年金を受け取ることなく死んでしまった。見舞金1万7000円で終わった」

この話をするときの小久保の目には、涙がにじむ。

静一との間には2男をもうけた。48（昭23）年に生まれた勇、52（昭27）年に生まれた誠。自動車が好きな兄弟は、勇が埼玉スバル、誠は川越工業卒業後に西武日産に勤めた。77（昭52）年に兄弟で川越に小久保自動車を設立し、勇が社長、誠が工場長として経営にあたり、盛業を続けている。

また、明雄との間に生まれた美智子は、町役場に勤め、そこで知り合った小久保の伝習場の後輩、遠山武司と結婚した。遠山は経済産業課長などを務め、川島町教育長で公務員生活を終えた。

父を想う

「いまさらに農捨て難しお茶の花　静水」

川島町俳句連盟副会長を務めた父静一が、82歳のときに詠んだ句である。

自分の人生を振り返った句として気に入ったようで、ずっと枕元に飾っていた。「親父らしい句で、この句に親父の人生があるように思う」と涙ぐむ。

戦前は、奉天の青年学校を卒業し、叔父が開設した小久保写真館で主任として働いて仕事を助けた。現地招集となり、25歳で終戦を迎えた。帰国して2年後に戦争未亡人となっていた兄嫁のマツと結婚した。

農家の生まれとはいえ、農作業の経験がまったくない静一であったが、「本家を継ぐ」という使命を重く感じていたに違いない。

小久保が、伝習場の研究科に行くことになったとき、「家のことは心配するな」と励まし、農協職員として多忙を極めていると、「百姓もひと通りできるようになった。お前は仕事に専念しろ」と、その時々で小久保の人生を導いた。

そんな親父を思えば、「いまさらに農捨て難しお茶の花」の句が胸に迫るのだ。

マツが亡くなってから3年後の77（昭52）年、静一は妻と同じクモ膜下で倒れ、紹介された群馬県の脳外科専門病院の三原記念病院に入院した。いい先生に巡り合うことができ、1カ月後には無事退院することができた。心配された術後の後遺症もまったくなかった。

静一が還暦を迎えた80（昭55）年9月、農業者経営を小久保に委譲し、経営委譲年金受給者となった。60歳で経営委譲すると、納付した保険金が増額される。農業経営を若い後継者に譲るのが目的である。小久保は41歳、川島町農協経済課長であった。

その後の静一は、農作業は続けたが、肩の荷を下ろしたような気持ちだったのではないか。6年前に亡くしたマツといっしょに過ごせないのは寂しかったようだが、好きな俳句作りとゲートボールを楽しんだ。

小久保は農協主催のツアーにほとんど行かせ、親孝行した。悠々自適だった静一が亡くなったのは2012(平成24)年9月10日、92歳だった。

葬儀は、小久保が進めた葬祭センターで行った。600人が弔問に訪れ、センターで初めての大きな葬儀となった。

四十九日法要も終わった11月9日、実父明雄の七十回忌法要を自宅で営んだ。「親父(静一)にはそんな気持ちはまったくなかったと思うが、生きている間はどうしてもできなかった」。静一の気持ちを慮った、やさしさである。

静一の92年の人生を思うと、「農家をやってくれたという感謝の思いでいっぱいだ。いまの自分があるのも、親父のお陰」としみじみと語っている。

小久保と二人の父、そして母は、ある意味で戦争に奪われた人生であった。遺族会に深い思い入れと、「国家護持にならない靖国神社」という表現をするのは、こうした背景がある。

小久保が三保谷遺族会会長になってから、8月15日の直前の日曜日には、三保谷忠魂碑を清掃し、会員には靖国神社のカレンダーを配った。小久保にとって遺族会は心のよりどころ、よすがとなっている。

その遺族会会長も2期4年務めて辞任した。「もっと」という声があったが、「いつまでもやっている人だと言われたくない。基礎を作ったら去る」。

これが小久保の生き方なのである。立場をわきまえ、権力を求めず、心はいつも恬淡としている。

金婚式を迎えて

「農作物のことを思ったら、農協職員といえども日曜日はない。農家のため、組合のため」という思いで、小久保は全身全霊を傾けて農協運動に取り組んできた。

農協ひとすじの人生を振り返って、「玲子がいなければ、これほど仕事ができたかどうか。玲子はオレよりも腹がすわっており、ずい分と助けられた。感謝のひと言だ」としみじみと語る。

「オレの人生を変えた」という川島町農協の組合長選では、妻のひと言で決心することができた。

「天と地があれば食べることはできる」という妻のひと言がなければ、その後の人生はなかっただろう。

「どんな時でも、毅然、泰然としている玲子をみて、ずい分勇気づけられた」

玲子なくして、小久保の人生はなかった。

玲子は、子育てから手が離れると、高度経済成長の最中ということもあって、町役場の都市計画係に臨時職員として勤めた。町役場からたっての要望だった。

玲子にも、小久保と同じように社会に役立つ、困っていれば力を貸すという気持ちが強い。臨時職員として町役場に勤めたのも、こうした気持ちがあったからでる。その気持ちが「社会貢献」という意識にもつながている。

77（昭52）年から日赤奉仕団会員となり、98（平10）年6月には埼玉県支部長の土屋知事から、感謝状をうけるほど社会に尽くしている。２００１（平13）年4月からは埼玉県支部委員会委員に任命され、その後川島町副会長となり、同年から6年間は民生委員も務めた。

更生福祉の活動にも力を入れている。02（平14）年5月から川島町社会福祉協議会理事に就任、埼玉保護監察東松山役員、川島町更生保護女性会会長、07（平19）年11月には非行少年等の更生保護に尽力したとして上田知事から、11（平23）年にはさいたま保護監察齋場昌宏所長から、それぞれ感謝状を授与されている。

また、御寺泉涌寺を護る会の会員で、06（平18）年に開かれた創立40周年記念総会では、秋篠宮文仁殿下を玄関に夫婦で出迎え、同じテーブルに着いて食事をいただいた。「社会に貢献する」という夫婦の生き方は、2人の子どもたちも受け継いでいる。

1965（昭40）年に生まれた長女浩美は、大学卒業後に外資系証券会社に就職、旧社会保険庁に勤める松本全人と結婚、3児の母である今は児童民生委員を務めている。

68（昭43）年6月21日に生まれた長男和徳は、「人に感謝される仕事をしたい。火災でも病人搬送でも感謝される」と消防の仕事に就いた。飯能信用金庫に勤めていた秋山洋子と98（平10）年6月に結婚、3児の父親になった。現在は川越地区消防局司令の要職を務め、三保谷小学校PTA会長にも選ばれた。

小久保夫婦は15（平27）年、金婚式を迎え、いまも毎日、農作業に勤しむ。玲子も、花卉や野菜を川島農産物直売所に出荷している。

「命のある限り、農業をするのが使命」と考えている小久保夫婦は、「天と地に生きる幸せ」を実感する毎日である。

小久保徳次を支えていただいた方々

私の60年におよぶ農協運動には多くの方々のご指導・ご鞭撻がありました。あらためて感謝申し上げます。

土屋義彦　上田清司　青木信之　齋藤健　枝元真徹　鈴木敏之　秋山公城　井上清　杉田勝彦　海北晃　丸山晃　山田俊男　小髙登　島村治作　今井澂　根岸徳治　髙橋一郎　小久保安次　利根川茂文　矢部顕一　稲原守治　猪鼻精一　笠井寿　山口弥三郎　鈴木甲子男　永島豊　矢内茂三　斉藤利次　岩渕健一　鈴木登　遊馬秋司　関口宗孝　石黒堯　山口精一　小森谷清　岡野茂男　鈴木治作　渋谷栄一　荻田善次　松村晃　増田一男　矢部俊夫　松木章　山口近　松本一郎　綾部治夫　安田勝治　山崎嘉平　関喜好　木村高夫　田中和男　松本三郎　小久保隆　品川是夫　木村敏夫　矢部義明　矢部嘉一　鹿山健治　木村一郎　小久保文次郎　沢田好一　小久保昭二　小久保香司　品川孝雄　遠山清治　鈴木咸亨　関快夫　小島由之　小島昇　宇津木忠征　吉本秋夫　福島峰雄　神田清　柿沼愛助　石黒安太郎　保積實　金子重次　田中則夫　舟橋俊人　利根川洋治　根岸徹　森田信彦　千野寿政　簗井健　矢島徳次郎　小川治信　森田泰雄　長島宗作　島田義雄　新井和義　山崎清司　高柳寛　比留間荘輔　吉野明　大野敏行　山中貞則　三ツ林弥太郎　大野松茂　加藤卓二　小宮山重四郎　山口泰明　土屋品子　西田実仁　堀口眞平　大沢立承　飯野武久　福永信彦　持木俊雄　山口泰正　染矢昭文　高田康男　飯島和夫　小林嘉朗　近藤亮一　氏原允男　小川文治　下地浩　坂本純一　池田哲二郎　篠原武昭　北岡美明　髙山次郎　富山定二　松澤操　安野富夫　市川俊一　増田喜久男　内田貞治　丸橋忠　田村恵司　古谷肇　成田全司　吉元敏郎　中村洋子　栗原功道　小久保今朝男　深谷市郎　足立英樹（敬称略、順不同）

あとがき

私は今年、喜寿を迎えました。

17歳で三保谷村農協に入り、以来、農協運動ひとすじ60年、純粋に取り組んできました。このことに「誇り」を持っています。

この私を生んでくれ、育ててくれた父母、そして充実した人生を与えていただいた、すべて農協・組合員、農業の賜と思っています。

60年におよぶ農協運動は、多くの皆さまのご指導、ご鞭撻のおかげです。心より御礼申し上げます。

私の農協運動は、少し大げさにいえば、戦後の農協運動と重なっていると考えています。

本書をまとめるきっかけは、この長い歴史のなかで、自分の足跡、すなわち経験を多くの方々と取り組んできた農協運動の記録として残しておかないと、やがて消えてしまうという思いからでした。

その作業をするなかで、あらためて多くの方々のご協力、ご支援があったことを実感するとともに、皆さまの活動もそれぞれの記憶のなかにとどめ置かれ、やがて消えてしまうということを痛感しました。

これは皆さまにとっても、私にとっても、たいへん惜しいことです。

したがって本書は、多くの方々の記憶の提供がありました。間違いや一方的な感想は、私の記憶としてご容赦のうえ、ご指摘を賜れば幸いです。

いまほど日本の農業を取り巻く環境が厳しく、岐路に立っているときはありません。

私は、農協運動の原点である農業の現場、組合員の立場に立った協同組合の基本理念に立ちかえることが、もっとも大切だと思っています。

このような思いも、本書をまとめるきっかけになっています。

ひとりの農業人の歩みが、農協運動にたずさわる方々に少しでもお役に立てれば、これに勝る喜びはありません。

長く農協運動に取り組み、自分なりに精一杯やり切り、悔いはありません。ほんとうに幸せな農協・農業人生でした。

自分の歩みを語ることは難しいものですが、髙橋敏昭氏のご協力があってまとめることができました。

最後になりましたが、本書は、埼玉新聞社前社長の丸山晃氏のお力添えで発行することができました。たいへんお世話になりました。

本書には多くの方々のご協力がありました。あらためて御礼申し上げます。

平成二十八年七月

小久保 徳次

本書でお世話になった方々

本書をまとめるには多くの皆さまのご協力がありました。おひとりでも欠けていましたら、本書は成りませんでした。

土屋栞様　上田常子様　丸山晃様をはじめ、次の方々には本当にお世話になりました。

浅見厚　飯島清　池田哲二郎　石黒堯　糸井厚登　井上清　猪鼻寿一　内野郁夫　宇津木正男　岡部正吉　岡部登一　小島一典　小島由之
海北晃　加賀崎千秋　梶野悟　梶野重次郎　川島運永　神立時子　木村一郎　木村一男　木村俊雄　栗原明男　小久保圭二　小久保今朝男
小久保俊明　小林嘉朗　椎橋美千代　篠原武昭　下地雪江　渋谷義彦　杉田勝彦　鈴木甲子男　鈴木咸亨　鈴木進　鈴木武　鈴木登　鈴木
功子　高野勝一　高橋英生　土屋桃子　利根川明彦　利根川洋治　永島豊　畑野芳男　東松山警察署　東松山自動車教習所　深谷幸男　舟
橋俊人　古谷肇　本澤正吉　松本昭朔　松本政雄　丸橋忠　三澤禎男　宮澤勝男　向達信義　師岡専子　矢内力　安田照男　吉川道喜　吉
野滋男　渡辺利江

（敬称略、五十音順）

【小久保徳次の歩み】

◎主な功績

①三保谷農協で農業倉庫2棟建設。米麦作のうちハダカ麦大麦から、ビール麦の導入、イチゴ栽培、養豚（子豚生産）の普及を促進、経営の健全化を図る。

②1962(昭37)年、テーラー運転に必要な免許証取得が難しい組合員を救うべく東松山警察署、自動車学校の協力を得て、

三保谷小学校、川島中学校校庭で臨時試験場を設け試験を実施、600余名が免許を取得する。

③73(昭48)年のオイルショック時には、石油、ガソリン、軽油等すべての燃料を全来店者の要望に応え供給する。またプラスチック製田植え箱10万箱を購入、近隣農協に供給する。井関農機の田植え機トラクターコンバイン、クボタのトラクターコンバインを埼玉県経済連に供給する。

④カントリーエレベーターを核とした稲作一貫体系を確立。耕耘、代がき、育苗、田植え、刈取り、調整、精米まで一貫して行える施設の建設に尽力する。

⑤埼玉県産ブランド米「彩のかがやき」を農林部次長下地浩氏と2人で沖縄名護分場において育成、販売促進に貢献する。

⑥川越藩のお蔵米(91=平3年に登録商標)を全国ブランドに育てる。

⑦82(昭57)年、比企郡下初のAコープ開設、川越藩のお蔵米販売所併設。2001(平13)年にフレッシュショップの農産物直売所を建設。

⑧57(32)年から、イチゴ栽培の育成強化に尽力し、普及促進が実を結んで79(昭54)年には埼玉県一のイチゴ産地となる。生産者670余名、作付面積162ヘクタール、粗生産額16億5000万円。

⑨95(平7)年にセレモニーセンター建設を提唱、その後埼玉県経済連代表理事副会長として推進、2007(平19)年には川島町にも建設。

⑩ヨルダン国の経済発展に貢献、ヨルダン国より感謝状、表彰状を承る。

1998（平10）年12月、埼玉県内学校給食に政府米から、埼玉県産米（新米）の供給に貢献する。

⑪98（平10）年、埼玉中央農協と東秩父農協との合併に尽力。

アグリサービス株式会社構想を提唱、2007（平成19）年2月設立に貢献する。

◎略年譜

1939（昭14）年　5月30日　小久保明雄・マツの次男として埼玉県比企郡川島町大字平沼643で生まれる

45（昭20）年　4月　比企郡三保村高等小学校入学

52（昭27）年　3月　同小学校卒業、4月三保谷中学入学

55（昭30）年　3月　三保谷中学校卒業

4月　埼玉県立農業経営伝習場（現・農業大学校）入学

56（昭31）年　3月　埼玉県立農業伝習場を優秀な成績で卒業

4月　同研究科入学

57（昭32）年　3月　埼玉県立農業伝習場研究科卒業

4月　三保谷村農業協同組合就職

浦和実業専門学校（現・浦和実業学園高校）入学

59（昭34）年　3月　浦和実業専門学校卒業
　　　　　　　4月　三保谷村農業協同組合販売主任
63（昭38）年　1月　合併に伴い川島村農業協同組合職員
　　　　　　　4月　川島村農業協同組合経済係長
66（昭41）年　4月　川島村農業協同組合三保谷支所長
71（昭46）年　4月　川島村農業協同組合事業課長
72（昭47）年　1月　川島村町制施行、川島町農業協同組合
76（昭51）年　4月　川島町農業協同組合経済課長
85（昭60）年　2月　川島町農業協同組合金融課長
86（昭61）年　6月　川島町農業協同組合副参事兼管理課長
88（昭63）年　6月　川島町農業協同組合参事
90（平2）年　4月　川島町農業協同組合退職
　　　　　　　5月　川島町農業協同組合組合長就任
　　　　　　　6月　埼玉県経済農業協同組合連合会理事
　　　　　　　6月　全国農業協同組合連合会総代

93（平5）年　5月　埼玉県経済農業協同組合連合会筆頭理事
5月　埼玉県農業協同組合中央会理事
96（平8）年　4月　埼玉中央農業協同組合代表理事副組合長
97（平9）年　6月　埼玉県経済農業協同組合長連合会代表理事副会長
6月　埼玉県牛乳普及協会会長
99（平11）年　6月　埼玉中央農業協同組合代表理事会長
6月　埼玉県農業信用基金協会理事就任
12月　埼玉県収用委員会委員
2000（平12）年　4月　関東生乳販売農業協同組合連合会代表理事副会長
01（平13）年　5月　全国牛乳普及協会理事
02（平14）年　4月　全国農業協同組合埼玉県本部運営委員会副会長
社団法人中央酪農会議理事
03（平15）年　5月　関東生乳販売農業協同組合連合会代表理事会長
05（平17）年　6月　埼玉県農業協同組合中央会代表理事副会長
06（平18）年　5月　役員退任

11（平23）年　7月　川越藩のお蔵米推進協議会会長

◎受賞・受章

1976（昭51）年　11月　埼玉県シラコバト賞
明日の埼玉をつくる県民運動推進協議会畑和知事表彰
89（平1）年　10月　消防功労賞埼玉県知事感謝状
91（平3）年　9月　関東管区警察局長賞
11月　川島町賞（体育功労）
12月　埼玉県園芸協会会長功労賞
96（平8）年　5月　埼玉中央農協合併に伴う知事感謝状
97（平9）年　3月　農業協同組合中央会特別功労賞
98（平10）年　7月　駐日ヨルダン大使経済振興感謝状
2001（平13）年　6月　埼玉県農業組合中央会長賞
11月　駐日ヨルダン大使経済振興表彰状
11月　埼玉県知事表彰産業功労賞

02（平14）年　11月　大日本蚕糸会総裁正仁親王蚕糸功労賞
3月　全国農業協同組合中央会功労賞
11月　黄綬褒章

03（平15）年　1月　警察庁長官交通栄誉賞緑十字金賞
9月　埼玉県知事交通功労賞感謝状
11月　川越市長消防功労賞感謝状

04（平16）年　11月　川島町長農業振興功労表彰

05（平17）年　11月　埼玉文化賞

06（平18）年　5月　全国収用委員会連絡協議会会長感謝状
11月　川島町長スポーツ振興功労賞
12月　御寺泉涌寺を護る会秋篠宮文仁総裁表彰状

07（平19）年　1月　川越地区消防組合管理者川越市長感謝状

13（平25）年　10月　日本赤十字社埼玉県支部長上田知事表彰

14（平26）年　5月　埼玉県交通安全対策協議会上田知事感謝状

◎役職

県農業団体関係

1990（平2）年　6月　埼玉県米麦改良協会副会長理事
97（平9）年　6月　埼玉県米麦改良協会会長理事
　　　　　　　7月　埼玉県米販売促進対策協議会会長
98（平10）年　7月　埼玉県うまい米づくり推進協議会副会長

園芸関係

1990（平2）年　8月　埼玉県いちご連合会副会長
97（平9）年　7月　財団法人埼玉県青果物価格安定資金協会理事長
　　　　　　　　　　埼玉県種苗審議会委員
98（平10）年　7月　埼玉県種苗センター運営協議会副会長
99（平11）年　5月　社団法人埼玉県園芸協会副会長
　　　　　　　8月　埼玉県いちご連合会会長
2003（平15）年　7月　社団法人埼玉県園芸協会会長

畜産酪農関係

1997（平9）年

10月　さいたまの花普及促進協議会会長

6月　埼玉県畜産会副会長

埼玉県酪農協会副会長

埼玉県生乳受託販売委員会会長

埼玉県牛乳普及協会会長

2001（平13）年

6月　埼玉県肉用牛経営者協会理事

02（平14）年

4月　埼玉県生乳委託会議会長

酪農ヘルパー運営協議会会長

9月　埼玉県学校給食用牛乳供給事業推進協議会会長

養蚕関係

1997（平9）年

7月　埼玉県蚕糸会館理事長

埼玉県養蚕産地育成協議会会長

9月　埼玉県蚕糸業協会会長

98（平10）年　10月　埼玉県絹需要増進協議会会長
　　　　　　　3月　社団法人埼玉県稚蚕共同飼育安定資金協会理事長

諸団体関係

1996（平8）年　8月　埼玉県農業会議常任会議員
97（平9）年　6月　社団法人埼玉県農林会館副理事長
　　　　　　　8月　埼玉県農業振興公社理事
99（平11）年　8月　埼玉県農業会議監査委員
2002（平14）年　6月　埼玉県農林統計協会副会長
　　　　　　　埼玉県流通情報協会副会長
　　　　　　　7月　社団法人埼玉県農林会館理事長
03（平15）年　7月　埼玉県農業会議常任会議員

全国農業団体関係

1998（平10）年　7月　関東生乳販売農業協同組合連合会代表理事副会長

99（平11）年　6月　全国農業協同組合中央会代議員
2000（平12）年　6月　社団法人全国肉用牛価格安定基金協会理事
01（平13）年　5月　全国牛乳普及協会理事
02（平14）年　9月　関東生乳販売農業協同組合連合会代表理事会長
10月　社団法人中央酪農会議理事

公職関係

1968（昭43）年　4月　川島町体育指導委員
78（昭53）年　4月　川島町スポーツ振興審議会委員
85（昭60）年　5月　東松山交通安全協会理事
87（昭62）年　4月　川島町特別職報酬審議会委員
90（平2）年　6月　川島地区農産物改良協会会長
東松山交通安全協会監査役
91（平3）年　6月　川島町都市計画審議会委員
94（平6）年　4月　川島町水田農業推進協議会委員

95（平7）年　4月　川越地区危険物安全協会副会長
96（平8）年　4月　川島町スポーツ振興審議会会長
　　　　　　　7月　埼玉県園芸振興審議会委員
97（平9）年　7月　埼玉県卸売市場審議会委員
　　　　　　　　　　埼玉県種苗審議会委員
2001（平13）年　9月　埼玉県種苗審議会会長代理
03（平15）年　2月　埼玉県園芸振興審議会会長

◎その他関係団体役員

埼玉県農協合併推進基金協会理事／農協開発相談センター理事／（社）埼玉県農業協同組合地域開発協会理事／埼玉県農業団体教育センター理事／埼玉県農協教育委員会理事／（社）埼玉県農林公社理事／（社）埼玉県農林会館理事長／埼玉県農協農政対策委員会副委員長／埼玉県水田農業推進協議会委員／埼玉県うまい米づくり推進協議会副会長／埼玉県農業会議監査委員／埼玉県農協組織整備改革本部委員会委員長／埼玉県農協職員資格認証委員会副委員長／埼玉県厚生連経営改善対策委員会委員／ＪＡバンク埼玉経営者会議委員／埼玉県産米民間流通委員会委員／農林祭り実行委員会委員／埼玉県交通安全対策協議会委員／農林総合センター評価委員／「いつでもどこでも埼玉産」地産地消推進協議会委員／彩の米センター運営協議会副会長／埼玉県農業電化協会理事／埼玉県農薬危害防止推進協議会副会長／（財）全農農業倉庫受寄物損害補償基金評議委員／埼玉県米消費拡大推進連絡協議会理事／埼玉県米販売促進対策本部委員長／全農北海道産種馬鈴薯取扱改善委員会委員／埼玉県青

果物検査員協会会長／さいたま農産物キャンペーン推進協議会副会長／埼玉県飲用向生乳流通適正化促進協議会常任委員／埼玉県農業開発協会理事／埼玉県合併農協政策審議会委員／さいたま新都心建設促進協議会理事／（財）埼玉県暴力追放薬物乱用防止センター評議員／いきいき埼玉理事／（財）日本ユニセフ協会埼玉支部副会長／比企郡市農協合併推進協議会監事／比企地区農業振興協議会理事／比企地区農政対策協議会監事／東松山農業改良普及協議会理事／全国農協食品（株）取締役／農協観光監査役／さいたま食肉市場（株）監査役／ＪＡ東日本くみあい飼料（株）監査役／東松山臓器食品（株）会長／（株）パールトータルサービス会長／さいたま運輸（株）会長／（株）川越花き市場会長／（株）埼玉協同サービス会長／（株）ジェイエイエナジー埼玉会長

川島町関係

川島町スポーツ振興審議会会長／川島町総合振興審議会副会長／川島町都市計画審議会委員／川島町給食センター運営委員会委員／川島町公害対策審議会委員／川島町報酬等審議会委員／川島町体力づくり推進協議会委員／川島町コミュニティ推進協議会委員／川島町体力づくり推進協議会委員／川島町土地評価精通者会議委員／川島町新規就農者確保対策委員／川島町功績者表彰審査委員／川島町交通安全対策協議会常任委員／川島町農政問題懇談会委員座長代理／（財）川島町勤労文化協会理事／川越地区危険物安全協会副会長／川島町土地改良区理事／川島町空中防除協議会副会長／廃プラスチック対策協議会会長

現在

川越藩のお蔵米推進協議会名誉会長／ナギ産業株式会社顧問／川島町三保谷地区遺族会名誉会長／大福寺檀徒総代表

改訂版の出版にあたって　――大久保千夏さんとの縁――

本書は、平成二十八年九月、埼玉新聞社から出版しました。

新元号となった昨年、思いもかけない電話がありました。国立国会図書館で本書を読まれたという22世紀アートの大久保千夏さんからでした。

「農協活動に取り組まれた小久保さんの歩みに感銘を受けました。いまの人たちがないがしろにしている、仕事にかける情熱に感動しました。ぜひ多くの人に読んでほしいと思い、電話を差し上げました」。こう話す大久保さんも情熱の人です。

電子書籍にはなじみのない私ですが、説明を聞き、大久保さんの情熱と、その縁に応えたく思い、電子出版することにしました。

縁というのは、国立国会図書館で私の本を見つけてくれたこと、それを読んで感銘を受けたという大久保さんの心です。

本書の出版で出会った大久保さんは、私の八十年の人生の中で、さらなる希望と、未来に向けて力を与えてくれた忘れられないひとりになりました。ありがとうございました。

令和二年三月十日

小久保　德次

【著者紹介】

小久保 徳次（こくぼ・とくじ）

1939（昭14）年５月30日埼玉県比企郡川島町平沼生まれ。

57（昭32）年埼玉県立農業経営伝習場（現・農業大学校）研究科卒。同年三保谷村農協に就職。59（昭34）年浦和実業専門学校（現・浦和実業学園高校）卒業、合併により川島村農協、川島町農協となり、90（平２）年５月川島町農協組合長選任。埼玉県経済農協連合会理事、全国農協連合会総代。93（平５）年埼玉県経済連筆頭理事、埼玉県農協中央会理事、96（平８）年埼玉中央農協代表理事副組合長、97（平９）年埼玉県経済連代表理事副会長、99（平11）年埼玉中央農協代表理事会長、2002（平14）年全農埼玉県本部運営委員会副会長、03（平15）年関東生乳販売連合会代表理事会長、05（平17）年埼玉県農協中央会代表理事副会長、11（平23）年川越藩のお蔵米推進協議会会長。

私とJAの六十年

小久保徳次の農協運動の足跡

2023年4月30日発行　著　者　小久保徳次
発行者　向田翔一

発行所　株式会社22世紀アート
〒103-0007
東京都中央区日本橋浜町3-23-1-5F
電話　03-5941-9774
Email: info@22art.net　ホームページ：www.22art.net

発売元　株式会社日興企画
〒104-0032
東京都中央区八丁堀4-11-10 第2SSビル 6F
電話　03-6262-8127
Email: support@nikko-kikaku.com
ホームページ：https://nikko-kikaku.com/

印刷
製本　株式会社PUBFUN

ISBN：978-4-88877-189-4

乱丁・落丁本はお取り替えいたします。